工业和信息产业职业教育教学指导委员会“十二五”规划教材
全国高等职业教育计算机系列规划教材

XML 实用教程

丛书编委会　编著

電子工業出版社
Publishing House of Electronics Industry
北京·BEIJING

内 容 简 介

XML 是一种描述数据和数据结构的语言，用于实现异构系统之间数据的交互。本书注重理论知识与实际应用相结合，将实际应用贯穿到每章节中，通过大量的案例分析帮助读者"学以致用"。

全书共 8 章。第 1 章介绍 XML 的产生历史和特点，第 2 章介绍 XML 的基础语法，第 3、第 4 章介绍用于验证 XML 文档的文档类型定义和 XML Schema，第 5 章介绍用于设置 XML 文档显示样式的样式表，第 6、第 7 章介绍 XML 的数据交互方式，第 8 章将所学知识综合应用，完成一个基于 XML 的学生信息管理系统。

本书内容通俗易懂、层次清晰、案例典型，让读者由浅入深、循序渐进地学习 XML 及其相关技术。本书既可作为高职高专院校计算机及相关专业的教材，也可作为计算机软件开发人员的参考书。

图书在版编目（CIP）数据

XML 实用教程/《全国高等职业教育计算机系列规划教材》丛书编委会编著. —北京：电子工业出版社，2012.8
工业和信息产业职业教育教学指导委员会"十二五"规划教材 全国高等职业教育计算机系列规划教材
ISBN 978-7-121-17748-4

Ⅰ. ①X… Ⅱ. ①全… Ⅲ. ①可扩充语言—程序设计—高等职业教育—教材 Ⅳ. ①TP312

中国版本图书馆 CIP 数据核字(2012)第 171673 号

责任编辑：左　雅　　特约编辑：朱英兰
印　　刷：北京虎彩文化传播有限公司
装　　订：北京虎彩文化传播有限公司
出版发行：电子工业出版社
　　　　　北京市海淀区万寿路 173 信箱　邮编　100036
开　　本：787×1 092　1/16　印张：14.75　字数：377.6 千字
版　　次：2012 年 8 月第 1 版
印　　次：2020 年12月第 9 次印刷
定　　价：33.00 元

凡所购买电子工业出版社图书有缺损问题，请向购买书店调换。若书店售缺，请与本社发行部联系，联系及邮购电话：（010）88254888，88258888。

质量投诉请发邮件至 zlts@phei.com.cn，盗版侵权举报请发邮件至 dbqq@phei.com.cn。

本书咨询联系方式：（010）88254580，zuoya@phei.com.cn。

丛书编委会

本书编委会

丛书编委会院校名单

（按拼音排序）

保定职业技术学院
渤海大学
常州信息职业技术学院
大连工业大学职业技术学院
大连水产学院职业技术学院
东营职业学院
河北建材职业技术学院
河北科技师范学院数学与信息技术学院
河南省信息管理学校
黑龙江工商职业技术学院
吉林省经济管理干部学院
嘉兴职业技术学院
交通运输部管理干部学院
辽宁科技大学高等职业技术学院
辽宁科技学院
南京铁道职业技术学院苏州校区
山东滨州职业学院
山东经贸职业学院
山东省潍坊商业学校
山东司法警官职业学院
山东信息职业技术学院
沈阳师范大学职业技术学院
石家庄信息工程职业学院
石家庄职业技术学院
苏州工业职业技术学院
苏州托普信息职业技术学院
天津轻工职业技术学院
天津市河东区职工大学
天津天狮学院
天津铁道职业技术学院
潍坊职业学院
温州职业技术学院
无锡旅游商贸高等职业技术学校
浙江工商职业技术学院
浙江同济科技职业学院

前　　言

1998 年，W3C 推出了新一代数据交换标准——XML（Extensible Markup Language，可扩展标记语言）。XML 是一种描述数据和数据结构的语言，可以保存在任何可以存储文本的文档中。该标准一经推出便得到了迅速发展，许多软件开发商纷纷使用该技术，现已成为在互联网上传递信息的一种热门语言。

本书特色

本书本着“精讲理论、示例丰富、注重实用”的原则，以激发学生的学习兴趣、培养学生的职业技能为目标，由浅入深、循序渐进地介绍 XML 的相关知识，特点如下。

特点一：通过“四重强化”培养学生的实践技能。

（1）第一重强化：例题。每个知识点均配有典型的、具有代表性的例题，让学生在学完每个知识点之后就对所学知识的应用有了初步的了解。

（2）第二重强化：每章的综合案例。综合案例将本章所学知识融汇到一起，与实际应用结合起来，阶段性地培养学生的实际运用能力。

（3）第三重强化：实验指导。每章的实验指导通过典型题目让学生在强化基础知识的同时，培养其实践能力，把理论知识应用到实际“任务”中，达到“学以致用”的目标。

（4）第四重强化：综合项目。第 8 章将前面所有知识综合应用，完成一个基于 XML 的学生信息管理系统，通过需求分析、系统设计、数据设计等，使学生掌握项目开发的整个过程。

特点二：设置“边做边想”环节，调动学生学习的主观能动性。例题部分均配有“边做边想”环节，让学生在动手练习的过程中，积极开动自己的脑筋，在操作的过程中发现问题并寻找解决方法，克服了“照搬照做”、“机械复制”的弊端。

特点三：设置“边学边做”环节，所学即所用。重要知识点在介绍过程中配以“边学边做”，让学生在接受理论知识的同时加以实际操作，将枯燥地接受理论知识转变为“边学边做，边做边学”的过程，调动学生学习的兴趣。

本书内容介绍

第 1 章 XML 概述：介绍了 XML 的发展历史和特点，并详细介绍了 XML 的应用领域、发展前景及其相关技术，重点介绍了 XML 解析器的应用。

第 2 章 XML 语法：介绍了 XML 文档结构及其基本语法，并介绍了格式良好的 XML 文档与有效的 XML 文档的区别。

第 3 章文档类型定义：介绍了 DTD 的基本结构和引用 DTD 的方法，重点介绍了如何在 DTD 中进行元素、属性和实体的声明。

第 4 章命名空间和 XML Schema：介绍了命名空间的使用和 XML Schema 支持的数据类型及如何在 XML Schema 中声明元素和属性。

第 5 章 XML 与样式表：介绍了用于设置 XML 文档显示样式的样式表——CSS 和 XSL。

第 6 章 XML 文档接口 DOM：介绍了 DOM 基本对象、DOM 的使用方法及使用 DOM 对文档进行操作的方法。

第 7 章数据岛：介绍了数据岛的使用及在 HTML 中如何使用数据岛显示 XML 数据。

第 8 章学生信息管理系统：将前面所学知识综合应用，完成一个基于 XML 的学生信息管理系统。

本书由王晶晶、张坤任主编，郭翠英、乔国荣、曲伟峰、余骞任副主编。编写分工如下：第 1 章由张坤编写，第 2～第 5 章由王晶晶编写，第 6 章由余骞编写，第 7 章由乔国荣、曲伟峰编写，第 8 章由郭翠英编写。全书由王晶晶统稿，习题答案由乔国荣、曲伟峰整理。

由于编者水平有限，编写时间仓促，书中难免有错漏之处，敬请广大读者批评指正，以便下次修订时完善。

编著者

目　　录

XML
实用教程

XML 实用教程

第1章 XML概述

HTML（HyperText Markup Language）是一种描述如何“表示”数据的语言，重点是“如何显示数据”，而不能告诉“数据是什么”、“数据的结构是什么”。而有时数据本身比显示它的样式更重要，如果程序需要从文档中提取数据来使用，就必须获取这些数据，并告诉用户该文档保存的数据内容，这时就需要使用 XML。XML 全称是 Extensible Markup Language（可扩展标记语言），作为一种专门在互联网上传递信息的语言，已经被广泛认为是继 Java 之后互联网上最激动人心的新兴技术之一。

1.1 XML 的产生

1.1.1 标记语言

标记，即为标注说明之意。为了便于处理，在数据中加入附加信息，对某一特定对象起到标注说明的功能，这些附加信息称为标记。例如：

我学过 XML 语言

上例中使用底纹效果给“XML 语言”加上标记，但这种标记方法有一个缺点，就是标记的含义不明确，具有二义性。

标记语言，即用一系列约定好的标记对文档进行标注，实现对文档的语义、结构和格式的定义。标记语言中要求使用的标记不能具有二义性，必须能够与内容区分开且易于识别。例如：

我学过<重点>XML 语言</重点>

上例中“<重点>”为起始标记，“</重点>”为结束标记。这种用文字做标记的方法不仅含义明确，且便于计算机处理。

1.1.2 通用标记语言

20 世纪 60 年代末，IBM 公司为解决公司内部大量文档的交换和存储，于 1969 年发明了通用标记语言 GML（Generalized Markup Language）。经过十几年的完善和改进，由 GML 发展成为 SGML（Standard Generalized Markup Language），在 1986 年被国际标准化组织作为国际性的数据存储及交换的标准，并收录在 ISO 8879 中。

SGML 是一种通用的文档结构描述标记语言，为语法标记提供了异常强大的工具，且具有良好的可扩展性，因此在数据分类和索引中非常有用。但 SGML 强大功能的背后是它的复杂度太高，不适合网络的日常应用。另外，SGML 价格昂贵，开发成本高，更为重要的是它不被主流浏览器厂商所支持，这些原因均使得 SGML 的推广受到了阻碍。

1.1.3 超文本标记语言

标准通用标记语言（SGML）通过文档类型定义的规则集合创建了许多标记语言，是一种可以定义其他标记语言的元标记语言。通过 SGML 定义出来的标记语言实例有很多，但最知名、最流行的是在互联网上描述数据表现的 HTML（HyperText Markup Language）。

HTML 就是一种特定的 SGML 文档类型，由于其简单易学，加上免费提供源代码，很早就得到各个 Web 浏览器厂商的支持。

HTML 最初由 GERN 在 1990 年进行设计，1993 年由 Berners-Lee 等人完成 HTML1.0 标准，后来，W3C 承担了 HTML 的开发和标准化工作，经过不断完善，现在已发布了 HTML4.0 标准。

在 W3C 所建议使用的 HTML4.0 中，所有的控制标记都是固定的，且数目有限。所谓的固定是指其控制标记的名称是固定不变的，因而其提供的功能与使用的属性也是固定的。因此，HTML 不允许网页设计者自行创造控制标记。也就是说，HTML 不是一种元标记语言，不能创建某一特定领域的标记集。

【例 1-1】一个简单的 HTML 文档。

```
<html>
  <head>
     <title>一个简单的 HTML 文档</title>
  </head>
  <body>
     <center>
        <br>
           <h2>
              <font face="楷体_GB2312" color=red>Hello, XML!</font>
           </h2>
        </br>
     </center>
  </body>
</html>
```

把上面的例子保存成 HTML 格式，然后用浏览器打开，即可看到如图 1-1 所示的画面。

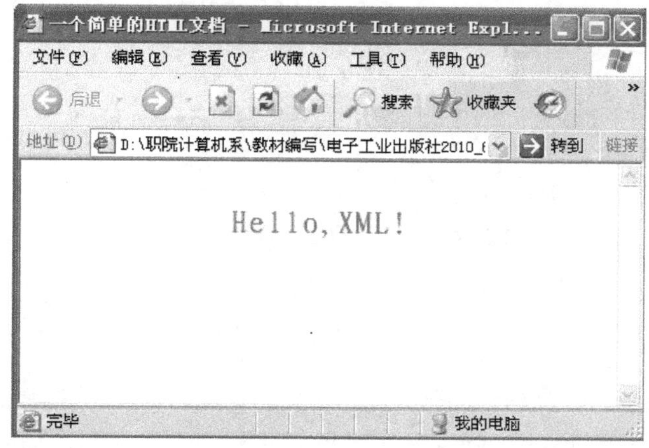

图 1-1　HTML 文档运行效果图

1.1.4　XML 简介

随着网络应用的不断深入，特别是电子商务的广泛应用，HTML 过于简单的缺点很快凸显出来。随着标记语言的出现，越来越需要建立存储大量电子文档的数据仓库，通常，这样的电子文档由以下 3 部分组成。

（1）文档结构：提供如何书写文档的基本框架。

（2）文档内容：标记出文档所包含的内容。

（3）文档格式：指定文档在显示时的排列样式。

HTML 可以指定一个文档的内容和格式，但不能指定文档的结构。从例 1-1 的 HTML 文档可知，该文档的内容和格式通过“<title>”、“<font>”和“<h2>”等标记来指定，但却没有通过标记来指定结构。实际上，HTML 文档中不存在任何关于框架的标记。也就是说，HTML 是面向表示的，用来告诉浏览器如何在网站上显示信息，而非面向结构的。

正基于此，为适应互联网应用发展的需求，特别是网络数据交互和业务集成的需求，人们开始致力于描述一种新的标记语言，它既要具有 SGML 的强大功能和可扩展性，又要具有 HTML 的简单性。于是，在 1996 年，万维网联盟（W3C）决定专门成立一个专家组从事此项工作，至 1998 年 2 月，W3C 批准了 XML 1.0 规范版本。

XML 的定义来自上述规范：可扩展标记语言（XML）是全面描述 SGML 的一个子集，其目标是在网络上以类似 HTML 的方式实现 SGML 的发送、接收和处理。设计 XML 的目的就是为了简化实现及提高 SGML 和 HTML 之间的互用性。

简单地说，XML 是一种标记语言，在写法上类似于 HTML，属于 SGML 的子集，它继承了 SGML 自定义标记的特点，在功能上弥补了 HTML 标记的不足，拥有更多的可扩展性。XML 没有 HTML 中的那些默认标记，而是让用户根据描述数据的需要自己定义各种标记。

【例 1-2】一个简单的 XML 文档。

```
<?xml version="1.0" encoding="GB2312"?>
<职工列表>
   <职工>
      <姓名>张小迪</姓名>
      <性别>女</性别>
      <部门>销售部</部门>
      <联系电话>13912345678</联系电话>
   </职工>
   <职工>
      <姓名>王小雨</姓名>
      <性别>男</性别>
      <部门>财务部</部门>
      <联系电话>13812346534</联系电话>
   </职工>
</职工列表>
```

1.2　XML 的现状及其发展

1.2.1　XML 应用领域

1．数据库交换技术

数据库交换技术是 XML 的一种重要应用。在不同操作系统平台及数据库系统之间如何进行信息的传递呢？用 XML 进行数据交换是最好的答案。原因是 XML 使用元素和属性来描述数据，在数据传送过程中，XML 始终保留了诸如父/子关系的数据结构，几个应用程序可以共享和解析同一个 XML 文件，不必使用传统的字符串解析和拆解过程。

2．Web 服务

Web 服务是最激动人心的革命之一，它让使用不同系统和不同编程语言的人们能够相互交流和分享数据，其基础就在于 Web 服务器用 XML 在系统之间交换数据。交换数据使用 XML 标记，可以使协议规范一致，比如在简单对象处理协议（Simple Object Access Protocol，SOAP）平台上。

SOAP 可以在用不同编程语言构造的对象之间传递消息。这意味着一个 C#对象能够与一个 Java 对象进行通信。这种通信甚至可以发生在运行于不同操作系统上的对象之间。DCOM、CORBA 或 Java RMI 只能在紧密耦合的对象之间传递消息，SOAP 则可在松耦合对象之间传递消息。

3．内容管理

XML 使用元素和属性来描述数据，而不提供数据的显示方法。这样，XML 就提供了一种优秀的方法来标记独立于平台和语言的内容。使用像 XSLT 这样的语言能够轻易地将 XML 文件转换成各种格式的文件，比如 HTML、WML、PDF、Flat File 及 EDI 等。XML 具有的能够运行于不同系统平台之间和转换成不同格式目标文件的能力使得它成为内容管理应用系统中的优先选择。

4．Web 集成

现在有越来越多的设备支持 XML，这使得 Web 开发商可以在个人电子助理和浏览器之间使用 XML 来传递数据。

为什么 XML 文本可以直接传送给这样的设备呢？这样做的目的是更多地让用户自己掌握数据显示方式，体验到实践的快乐。常规的客户/服务（C/S）方式为了获得数据排序或更换显示格式，必须向服务器发出申请；而 XML 则可以直接处理数据，不必经过“向服务器申请——查询——返回结果”这样的双向“旅程”，同时在设备中也不需要配置数据库，甚至还可以对设备上的 XML 文件进行修改并将结果返回给服务器。

5．配置

许多应用都将配置数据存储在各种文件里，比如.INI 文件。虽然这样的文件格式已经使用多年并一直很好用，但是XML还是以更为优秀的方式为应用程序标记配置数据。使用.NET 里的类，如 XmlDocument 和 XmlTextReader，将配置数据标记为 XML 格式，能使其更具可读性，并能方便地集成到应用系统中去。使用 XML 配置文件的应用程序能够方便地处理所需数据，不必像其他应用那样要经过重新编译才能修改和维护应用系统。

1.2.2 XML 发展前景

1．网络服务领域

XML 有利于信息的表达和结构化组织，从而使数据搜索更有效。XML 可以使用 URL 别名使 Web 的维护更方便，也使 Web 的应用更稳定，XML 使用数字签名可以让 Web 的应用更广泛。

2．EDI（Electronic Data Interchange，电子数据交换）

传统的 EDI 标准缺乏灵活性和可扩展性，使用 XML 可让程序能够理解数据所表示的商务概念，便于应用程序根据明确的商务规则来进行数据处理。

3．电子商务领域

XML 的丰富标记信息完全可以描述不同类型的单据，比如信用证、索赔单和保险单等。结构化的 XML 文档发送至 Web 的数据可以被加密，并且很容易附加上数字签名。

4．数据库领域

XML 文档可以定义数据结构，代替数据字典，用程序输出建库脚本。应用“元数据模型”技术，对数据源中不同格式的文件数据，按照预先定义的 XML 模板，以格式说明文档结构统一描述并提取数据或做进一步的处理，最后转换为 XML 格式输出。“XML”、“数据库”及“网页或文档中的表格”三者可以相互转换。

5．Agent（智能体）

倘若送到 Agent 的是 XML 结构化的数据，那么 Agent 就能很容易地理解这些数据的含义及已有的知识关系。基于 XML 的数据交换对于解决 Agent 的交互性问题有重要的作用。从技术上讲，XML 语言只是一种简单的信息描述语言，但从应用角度上说，XML 的价值就远不止是一种信息的表达工具。事实上，借助于 XML 语言，可以非常准确地表示几乎所有类型的数字化信息，可以清晰地解释信息的内涵和信息之间的关联，可以在最短的时间内准确定位需要的信息资源。

6．软件设计元素的交换

XML 可以用来描述软件设计中有关的设计元素，如对象模型，甚至能描述最终设计出来的软件。另外，XML 及相关技术使得软件的发布与更新在 Web 上更容易实现。

1.3 XML 相关技术

由第 1.1 节可知，XML 是起源于 SGML 的一种可扩展标记语言。从更深层次上看，XML 不仅仅是一种标记语言，更是一系列的技术。XML 一系列相关技术组合在一起则成为一项完整的技术，这一技术家族为开发具有更好的扩展性和互操作性的软件提供了一种解决方案。XML 的常用技术主要有以下几种。

1．命名空间

命名空间又称为名字空间。XML 允许开发者创建自己的 XML 词汇，用自定义的方式描述自己的数据结构，一旦开发者使用 XML 来描述数据，就可以非常方便地在相同或不同的系统中对这些数据进行互操作。比如，一位开发者可以使用来自另一个系统的数据，只要那些数据是用 XML 描述的。这样，开发者在考虑软件的互操作性时就不必考虑诸如平台、操作系统、语言或数据存储等方面的差异了。XML 是实现系统之间互操作性的最简单的工具。由于 XML 对互操作性的支持，每位开发者都可以创建属于自己的 XML 词汇，这样就不可避免地会出现不同的开发者用相同的标记代表不同的数据内容的冲突。为了防止这种潜在的冲突，W3C 在 XML 中引入了命名空间。命名空间实际上就是为 XML 文档元素提供一个上下文，允许开发者按一定的语义来处理元素，这样，就可以保证在文档中使用的标记名称是唯一的。

2．文档类型定义（DTD）与 XML Schema

XML 是非常自由和灵活的，开发者完全可以根据自己的需要创建文档。但是，XML

还承担着网络数据交换的重任，XML 文档既要严格遵守语法规范，同时，还应当符合语义方面的规范。对 XML 文档是否符合语义规范的检查称为对 XML 的“验证”(Validation)。DTD 是 W3C 推荐的验证 XML 文档的正式规范。也就是说，一个实用的 XML 文档要遵守 DTD 的语法规定，这样，既能保证 XML 文档的易读性，又能充分体现数据信息之间的关系，从而更好地描述数据。

DTD 可以定义 XML 文档的词汇和语法。DTD 除了可以说明 XML 文件中哪些元素是必须的、哪些是可选的及元素所能包含的属性等元素本身的信息外，还可以描述元素之间的结构信息。比如，某个元素可以嵌套哪些子元素、子元素的个数及出现的次序、是否可选等。但 DTD 本身是为 SGML 的确认规则专门开发的，它不符合 XML 规范，而且语法复杂，难于掌握。DTD 所具有的种种缺陷，促使 W3C 组织致力于寻求一种新的机制来取代 DTD。在众多的标准之中，微软公司在 2000 年发布的 XML Schema 工作草案引人注目，它具有完全符合 XML 语法、丰富的数据类型、良好的可扩展性及易于处理等优点。

3．XML 显示技术

由前几节的内容可知，XML 是面向结构的，即 XML 文档本身只专注于描述数据的结构，而不去顾及数据如何被表示。它的显示功能由称为样式表的相关技术来完成。使用独立的样式表文件制定显示格式的优势在于：对同一份数据文件可以制定出不同的样式风格，这些不同的样式可以应用在不同的场合，使数据能够更合理、更有针对性地表现出来，提高了数据的重用性。

目前，W3C 正式推荐的样式表标准有两种：一种是级联样式表 CSS（Cascading Style Sheets），另一种是可扩展样式表语言 XSL（Extensible Stylesheet Language）。

CSS 最初是用于制定 HTML 文档显示格式的，例如定义字号、字体、颜色等格式化属性，现在也可用来对 XML 文档进行简单的样式规划，通过样式表可以让浏览器知道如何格式化 XML 中的每个数据。根据一套规则可把多个样式加于同一个文档或数据元素上，即所谓级联样式表。CSS 在 HTML 中的应用极为广泛，但它在文本置换、依据文本内容决定显示方式、对数据进行排序等智能化的显示功能上略显不足，XSL 则很好地解决了这些问题。XSL 最常用的功能是将 XML 的标记转换为 HTML 的标记并显示输出，而且还可以将 XML 文档向任何其他格式的结构文档进行转换。XSL 是符合 XML 规范的，它本身就是结构完整的 XML 文档，其功能更为灵活和强大，在 B2B 的商务模式中有着很好的应用前景。

4．XML 链接技术

Web 迅速发展和普及的一个重要因素是 HTML 的应用，而 HTML 真正强劲的地方在于它在文档中可嵌入超文本链接。这些链接可以嵌入影像或让用户从一个 HTML 页面跳转到另一个 HTML 页面，这种链接定义了两个文档之间的关系，给用户提供了一种从当前页面中获取更多相关数据的途径。同时，这也是用户在查询数据中所使用的典型方法，为了查找数据，用户在浏览某一页面的同时，可能会发现更符合其要求的内容，而这些内容就是通过链接存放在不同页面上的。

整个 Web 就是基于不同的数据文件之间建立关系（链接）的基石上的。随着 IT 行业的不断发展，人们自然会想到用类似的机制来描述不同 XML 文档或是相同 XML 文档中不同元素之间的联系。XML 的链接技术分为两个部分：XLink 和 XPointer。XLink（XML Linking Language）定义一个文档如何与另一个文档链接，而 XPointer（XML Pointer Language）则定义文档的各部分如何寻址。

5. XML 处理器接口技术

为了有效地使用 XML，必须通过编程来访问数据。将能访问 XML 文档同时又能提供对其内容和数据结构进行访问的软件模块称为 XML 处理器或 XML 应用程序接口（Application Programming Interface，API）。目前有两种主要的 API 得到开发者的广泛使用，它们分别是文档对象模型（DOM）和简单应用程序接口（SAX）。

文档对象模型是一个接口，它是一种通过编程方式对 XML 文档中数据及结构进行访问的标准，是 W3C 推荐的未来行业标准。DOM 标准的一个主要不足在于它在解析 XML 文档时要将整个 XML 文档装入内存，这会引起巨大的内存开销。XML 的开发者意识到 DOM 的这个缺点，于是他们开始致力于创建另一种新的标准——SAX。SAX 是一种非常简单的 XML API，允许开发者使用事件驱动的 XML 解析。与 DOM 不同，SAX 并不要求将整个 XML 文件一起装入内存，它的做法十分简单，一旦 XML 处理器要对 XML 元素进行操作，它就立即调用一个自行定义的事件处理器及时地处理这个元素和相关数据。

1.4 XML 解析器

如同其他语言一样，在编辑 XML 文档时，需要与之相应的编辑器。除使用简单的记事本工具之外，Altova XMLSpy 是目前使用最广泛的 XML 集成开发环境之一。该工具是由奥地利一家名叫 Altova 的软件公司开发的专业工具软件，它可连同其他工具一起进行各种 XML 及文本文档的编辑和处理、进行 XML 文档的导入/导出、某些类型的 XML 文档与其他文档类型间相互转换、利用内置的 XSLT 1.0/2.0 处理器和 XQuery 1.0 处理器进行文档处理，甚至能够根据 XML 文档生成代码。下面以创建简单 XML 文档为例介绍 Altova XMLSpy 2010 软件的使用方法。

启动 Altova XMLSpy 2010，进入主界面，如图 1-2 所示。

选择“文件”→“新建”菜单命令，弹出如图 1-3 所示的“创建新文档”对话框。

在图 1-3 所示的对话框中，选择想要创建的文档类型。下面以创建前文的【例 1-2】的简单 XML 文档为例，介绍其操作步骤。

（1）在图 1-3 中选择“xml　Extensible Markup Language”一项，单击“确定”按钮，弹出如图 1-4 所示的“新建文件”对话框。

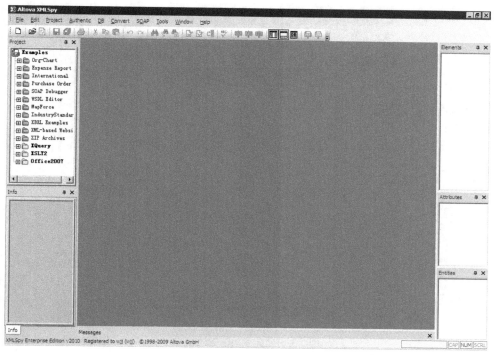

图 1-2　Altova XMLSpy 2010 主界面

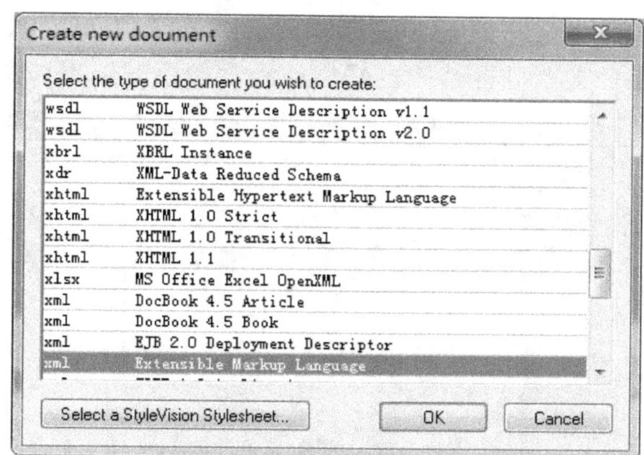

图 1-3　“创建新文档（Create new document）”对话框

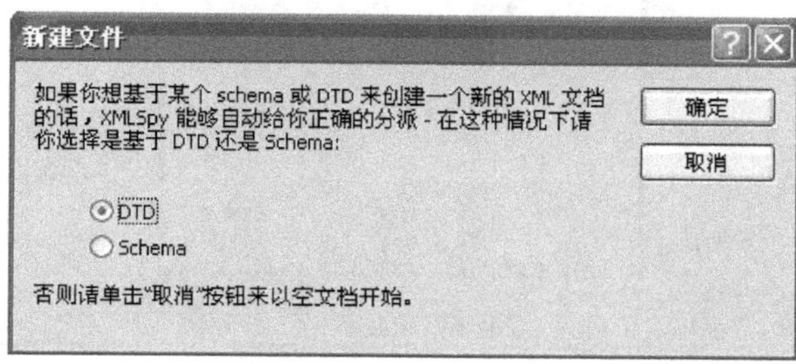

图 1-4　“新建文件”对话框

（2）这里没有编写 DTD 或 Schema 文件，所以单击“取消”按钮，创建一个空的 XML 文档，如图 1-5 所示。

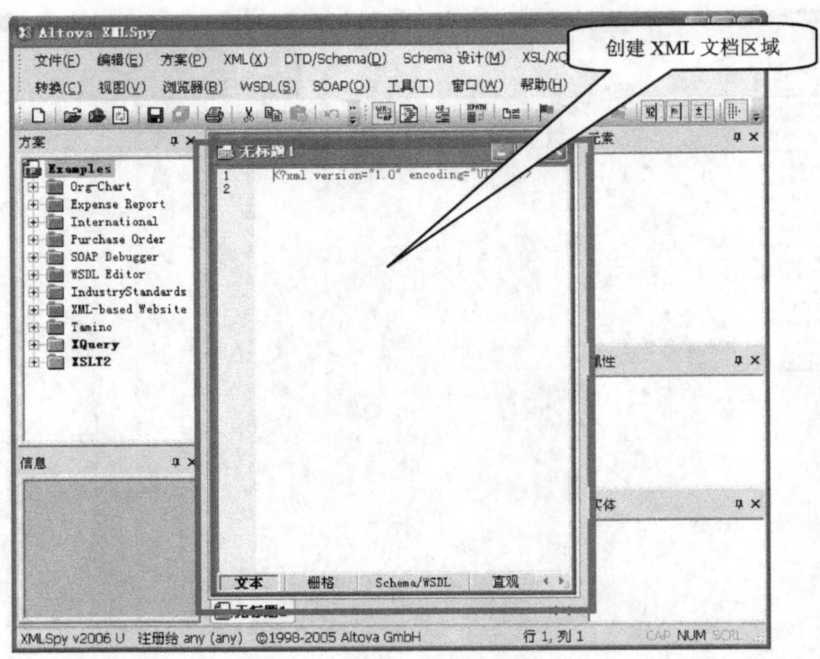

图 1-5　创建 XML 文档窗口

（3）此时就可以在图 1-5 所示的窗口中创建 XML 文档了。在“无标题 1”窗口区域输入例 1-2 中的代码，输入完毕之后，选择“XML”→“Check Well-Formedness”菜单命令，对创建好的 XML 文档进行结构良好性检查，检查的结果如图 1-6 所示。

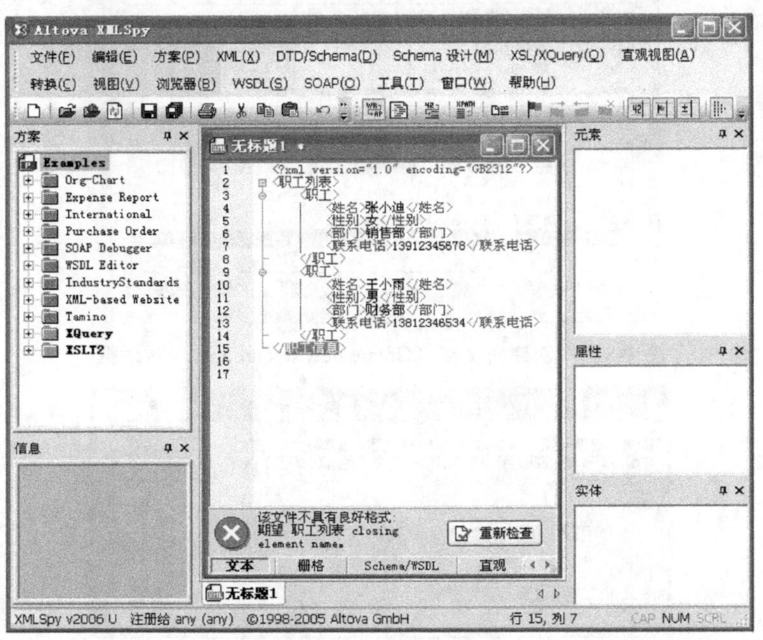

图 1-6　进行良构性检查的结果

（4）选择“文件”→“保存”菜单命令，保存该 XML 文档。关于格式良好的 XML 文档的定义将在第 2 章进行介绍。

1.5　实验指导

【实验指导】　使用 Altova XMLSpy 2010 软件编写 XML 文档

1．实验目的

（1）掌握 Altova XMLSpy 2010 软件的安装。

（2）学会使用 Altova XMLSpy 2010 创建 XML 文档，并进行文档结构良好性的检查。

2．实验内容

学院召开秋季运动会，要求为参加运动会人员的信息创建一个 XML 文档，统计的信息为参加运动会人员的姓名、年龄、性别和参赛项目。

3．实验步骤

（1）获得开发工具。从网络下载一个 Altova XMLSpy 2010 软件并进行安装，读者可到“http://www.altova.com”网站下载。

（2）打开 Altova XMLSpy 2010，选择“文件”→“新建”菜单命令，弹出如图 1-7 所示的“创建新文档”对话框。

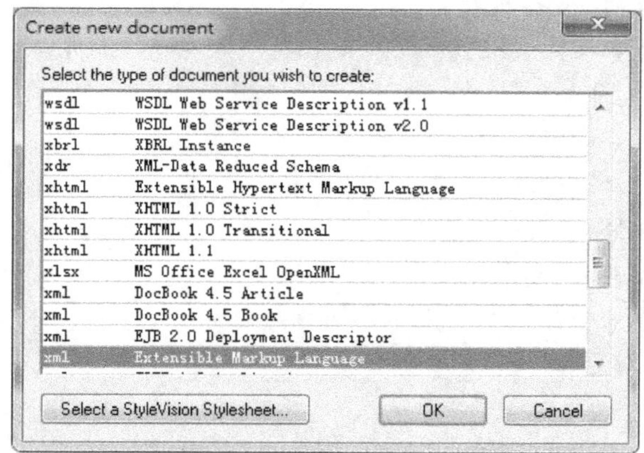

图 1-7　“创建新文档（Create new document）”对话框

（3）在图 1-7 所示的对话框中，选中“xml　Extensible Markup Language”一项，单击“确定”按钮，弹出如图 1-8 所示的“新建文件”对话框。

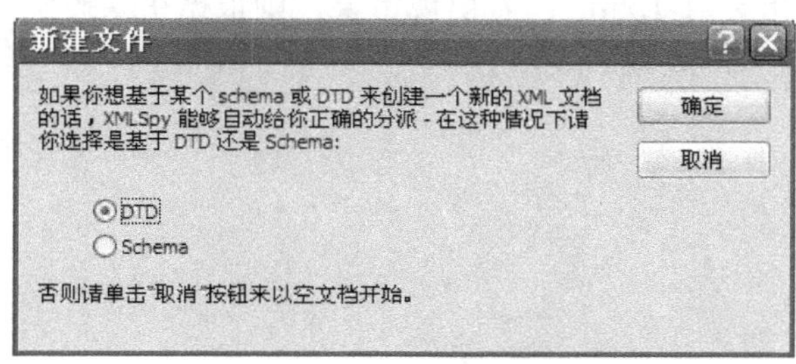

图 1-8　“新建文件”对话框

（4）在图 1-8 所示的对话框中，单击“取消”按钮，进入 Altova XMLSpy 的文本窗口中，开始编写 XML 文档。

（5）将第一行“<?xml version="1.0" encoding="UTF-8"?>”中“encoding”属性的值修改为“GB2312”。

（6）输入如下文本：

```
<运动会人员信息>
   <一班运动会名单>
      <参加人员>
         <姓名>张猛</姓名>
         <年龄>18</年龄>
         <性别>男</性别>
         <参赛项目>跳高</参赛项目>
      </参加人员>
   </一班运动会名单>
   <二班运动会名单>
      <参加人员>
         <姓名>李猛</姓名>
         <年龄>18</年龄>
         <性别>男</性别>
         <参赛项目>跳远</参赛项目>
      </参加人员>
      <参加人员>
         <姓名>王梦</姓名>
         <年龄>19</年龄>
         <性别>女</性别>
         <参赛项目>1500 米跑</参赛项目>
      </参加人员>
   </二班运动会名单>
</运动会人员信息>
```

（7）输入完成后，选择“XML”→“Check Well-Formedness”菜单命令，对 XML 文档进行结构良好性检查，若没有错误，则选择“文件”→“保存”菜单命令，保存文档，文档名为“实验指导 1-1.xml”；若出现错误，则根据错误提示信息进行修改，直到没有错误再保存文档。

1.6 习题

一、选择题

1．下述是标记语言的是（　　）。

A．Java　　B．HTML　　C．SGML　　D．XML

2．下述哪个公司或组织制定了 XML（　　）。

A．ISO　　B．Oracle　　C．W3C　　D．Microsoft

3．对 XML 文档显示样式进行修饰的技术是（　　）。

A．XSL　　B．XPath　　C．XLink　　D．XHTML

二、简答题

1．简述 XML 与 HTML 的关系。

2．简述 XML 的相关技术。

3．简述 XML 的特点。

第 2 章 XML 语法

任何一种语言都有自己的语法，学习语言要先从语法开始。只有掌握了语言的语法关系、语句使用的关键字和语句格式，才可以使用该语言完成应用之间的交互与沟通。

XML 文档的结构与 HTML 文档结构相似，由众多的标记组成，不同的标记有着不同的作用。XML 的语法规则非常简单，且具有逻辑性，这些规则很容易学习，也易于使用。本章就 XML 的文档结构及语法规则作介绍，创建出格式良好的 XML 文档，为后续学习打好基础。

2.1 XML 文档结构

一个标准的 XML 文档通常由两大部分组成：序文部分和文档元素部分。【例 2-1】给出了一个简单的 XML 文档。

【例 2-1】简单的 XML 文档。

```
<?xml version ="1.0" encoding ="GB2312" standalone="yes"?>
<?xml-stylesheet type="text/xsl" href="student.xsl"?>
<!--以下是一个学生名单-->
<学生名单>
 <学生>
      <学号>2003081205</学号>
      <姓名>田淋</姓名>
      <班级>软件 0331</班级>
  </学生>
  <学生>
       <学号>2003081232</学号>
```

```
12         <姓名>杨雪锋</姓名>
13         <班级>软件 0331</班级>
14     </学生>
15 </学生名单>
```

边做边想

① 第 1 行中“<?”与“xml”之间、“?”与“>”之间是否有空格？如果有空格是否会出现错误？

② 第 1 行中“version”、“encoding”和“standalone”是否可以省略或部分省略？三者出现的次序是否可以变动？

③ 第 3 行的代码是否可以省略？“<!”与“--”之间、“--”与“>”之间是否有空格？

④ 第 1～3 行的顺序是否可以颠倒或交换？

⑤ 第 5～14 行的代码是否可以不缩进？若不缩进是否会出现错误？

⑥ 第 14 与第 15 行的代码是否可以交换？为什么？

在例 2-1 的 XML 文档中共有两个学生的信息，每个学生均包含 3 方面的数据：“学号”、“姓名”和“班级”。其中，第 1～3 行为序文部分，第 4～15 行为文档元素部分，文档元素部分将在第 2.2 节中详细介绍，本节重点介绍序文部分。

XML 文档以序文部分开始，用来描述字符的编码方式、提供注释和为 XML 解析器与应用程序提供一些配置信息等。序文部分通常包含 3 部分的内容：声明部分、处理指令和注释部分。

1．声明部分

```
<?xml version ="1.0" encoding ="GB2312" standalone="yes" ?>
```

说明：

（1）声明以“<?”开始，以“?>”结束，且必须位于 XML 文档的第 1 行。

（2）“<?”后的 xml 标记说明该文档是一个 XML 文档。

（3）version 属性指明所使用的 XML 版本号，该属性不能省略且必须在属性列表中排在第一位。目前 XML 最新的版本为 1.1，但推荐使用 W3C 于 2000 年发布的 XML 1.0 版。

（4）encoding 属性表示该文件所使用的编码标准，该属性只可位于 version 属性之后，但可以省略，省略时表示采用默认的 UTF-8 编码方式，该编码方式只允许在 XML 文档中使用英文字符。除此之外，常用的编码方式还有 GB2312（简体中文的编码方式）和 Big5（繁体中文的编码方式）等。

（5）standalone 属性表示 XML 文档的独立性，取值为 yes 或 no。所谓的独立性是指 XML 文档所需的 DTD 等相关内容是否已包含在该文档中，无须参照其他的外部文件。

2．处理指令

处理指令是用来给处理 XML 文档的应用程序提供信息的，使其能够正确解释文档

的内容。例 2-1 中第 2 行便是一条处理指令：

```
<?xml-stylesheet type="text/xsl" href="student.xsl" ?>
```

说明：

（1）处理指令以“<?”开始，以“?>”结束。

（2）xml-stylesheet 表示该指令用于设定文档所使用的样式表文件。

该指令表示用样式表 student.xsl 来显示 XML 文档，type 属性用于选择样式，href 属性则表示样式表文件的路径。

思考

处理指令和声明均以“<?”开始，以“?>”结束，是否可以说声明也是处理指令呢？二者之间有什么区别？

3. 注释

注释用于对语句进行某些提示或说明，以增加文档的可读性和清晰性。带有适当注释语句的 XML 文档，不仅便于阅读与交流，更重要的是便于用户日后自己修改 XML 文档。例 2-1 中第 3 行便是一条注释语句：

```
<!--以下是一个学生名单-->
```

说明：

（1）注释以“<!--”开始，以“-->”结束。

（2）注释不可以出现在 XML 的声明之前。

（3）注释不能出现在标记中。

（4）注释中不能出现连续的两个连字符，即“--”。

（5）注释不能嵌套。

边学边做

为例 2-1 的 XML 文档添加以下注释语句，分析出现错误的原因。

```
①<!--this is my first document --student.xml-->
  <?xml version ="1.0" encoding ="GB2312" ?>
②<学生名单<!--存放学生的信息-->>
③<!--this is my first document --student.xml-->
④<!--this is my first document <!--该语句为注释语句-->-->
```

2.2 XML 文档基本语法

XML 文档除了序文部分之外，还包含文档元素部分。文档元素部分由标记、属性和数据等 3 部分组成，其编写方式与 HTML 相似，但语法比 HTML 更为严格。

2.2.1　XML 标记

XML 是基于文本的标记语言，标记是 XML 文档最基本的组成部分。标记分为开始标记、结束标记和空标记 3 种。

1．开始标记

例 2-1 中第 4 行就是一个开始标记：

```
<学生名单>
```

开始标记以“<”开始，以“>”结束，两者之间为标记名称。“<学生名单>”的标记名称便为“学生名单”。

2．结束标记

例 2-1 中第 15 行就是一个结束标记：

```
</学生名单>
```

结束标记以“</”开始，以“>”结束，两者之间为标记名称。该名称需要和开始标记相同，且要与开始标记成对出现。

3．空标记

空标记是指在开始标记和结束标记之间没有任何内容的标记。如：

```
<姓名></姓名>
```

也可以简写为：

```
<姓名/>
```

 **提示**

HTML 中允许给出一个开始标记而忽略结束标记，例如“
”，但是在 XML 中不允许出现这种情况，即开始标记和结束标记必须成对出现，即使在开始标记和结束标记之间没有任何内容也要如此。

在为标记命名时要遵循以下命名规则：

（1）名称可以由字母、数字、下画线“_”、圆点“.”或连字符“-”组合而成，但必须以字母或下画线开头；

（2）名称中不能包含空格；

（3）名称区分大小写；

（4）名称不能以“xml”、“XML”或任何以此顺序排列的这三个字母的各类组合开头。

边学边做

创建如下 XML 文档，分析出现错误的原因。

```
<?xml version="1.0" encoding="utf-8"?>
<_EmployeeList>
   <-employee>
      <name>Jack</Name>
      <Sex>male<sex>
      <de partment>sales
      <.phone>87667140</.phone>
      <2phone>13487565165</2phone>
      </address>
   <-employee>
<_EmployeeList>
```

2.2.2 XML 元素

元素是 XML 文档的基本单元。从语法上讲，一个元素由开始标记、结束标记及包含在开始标记和结束标记之间的数据内容组成。形式如下：

```
<tag_name>数据内容</tag_name>
```

其中，<tag_name>为开始标记，</tag_name>为结束标记，数据内容是元素的内容，当它为空时，则称该元素为空元素，否则为非空元素。数据内容可以为文本字符串，也可包含其他的元素，或者是两者的组合形式。

空元素与空标记是否完全等价？<姓名></姓名>是否可以写成<姓名/>？为什么？

例如，例 2-1 中第 8 行元素“班级”的内容就是文本字符串“软件 0331”：

```
<班级>软件 0331</班级>
```

而例 2-1 中第 5 行元素“学生”就包含了 3 个元素“学号”、“姓名”和“班级”：

```
<学生>
    <学号>2003081205</学号>
    <姓名>田淋</姓名>
    <班级>软件 0331</班级>
</学生>
```

其中，元素“学号”、“姓名”和“班级”分别称为元素“学生”的子元素，而元素“学生”则称为元素“学号”、“姓名”和“班级”的父元素。XML 文档的结构是一种树状结构，所以一篇 XML 文档有且只有一个根元素，文档内所有的其他元素都必须包含在根元素中。例 2-1 中根元素为“学生名单”，图 2-1 为其对应的结构树。

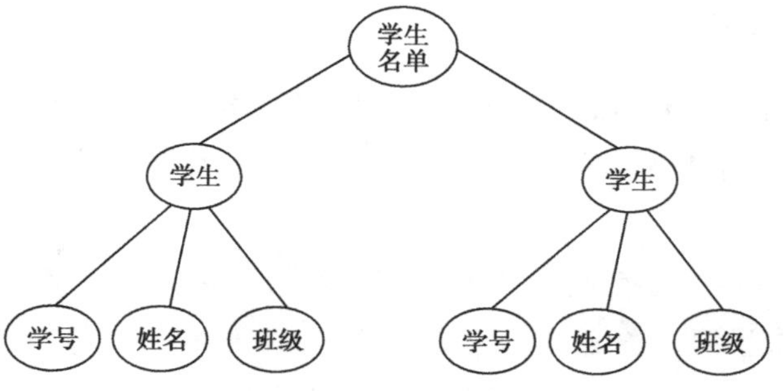

图 2-1　XML 文档结构树

边学边做

画出如下 XML 文档的结构树。

```
<?xml version="1.0" encoding="utf-8"?>
<flight_schedule>
   <flight>
       <origination>
           <city>Raleigh,NC</city>
           <airport>RDU</airport>
       </origination>
       <destination>
           <city>San Francisco</city>
           <airport>SFO</airport>
       </destination>
       <connection>
           <city>Charlotte,NC</city>
           <airport>CLT</airport>
       </connection>
       <airline>US Airways</airline>
       <price>1492.00</price>
       <aircraft>
           <manufacturer>Boeing</manufacturer>
           <model>747</model>
       </aircraft>
       <movie>no</movie>
       <meal>lunch</meal>
       <departure_time>11:00</departure_time>
       <arrival_time>14:00</arrival_time>
   </flight>
</flight_schedule>
```

2.2.3 XML 属性

属性是包含关于元素额外信息的部分，用于在元素中提供额外的信息，是元素的可选组成部分。一个元素可以定义一个或多个属性，用来描述元素的一种或多种附加信息。语法格式如下：

```
<tag_name attr1_name="attr1_value" attr2_name="attr2_value" …>
数据内容</tag_name>
```

其中，attr1_name 与 attr2_name 为属性名，由用户根据需要自行定义，attr1_value 和 attr2_value 为属性值，属性值必须用双引号括起来，这一点与 HTML 有所区别。

【例 2-2】 包含属性的 XML 文档。

```
<?xml version ="1.0" encoding ="GB2312" ?>
<!--以下是一个学生名单-->
<学生名单 人数="2">
 <学生 职务="班长">
     <学号>2003081205</学号>
     <姓名>田淋</姓名>
      <班级>软件 0331</班级>
  </学生>
  <学生 职务="团支部书记">
      <学号>2003081232</学号>
      <姓名>杨雪锋</姓名>
      <班级>软件 0331</班级>
   </学生>
</学生名单>
```

边做边想

① 属性与标记名之间是否有空格？取消了空格会怎样？

② 属性“人数”、“职务”是否可以以元素的形式出现？如果可以，需怎样改写例 2-2 的 XML 文档？

属性的命名规则与标记的命名规则基本一致，同一个元素中不允许出现同名的属性，但可以出现同名的子元素。

边学边做

下述元素的定义哪个是正确的？哪个是错误的？为什么？

```
①<book name="XML 教程"  Name="计算机类"></book>
②<book name="XML 教程" name="计算机类"></book>
③<book name=XML 教程  Name=计算机类></book>
```

```
④<book>
    <name>XML 教程</name>
    <name>计算机类</name>
    </book>
```

2.2.4　特殊字符及 CDATA 节

XML 文档中的所有文本都会被解析器解析，在实际运用中，XML 文档中若包含“>”、“<”、“&”、“'”及“"”等符号时，解析器就会把它们作为标记、实体或属性的一部分来处理，这将会出现错误，该如何解决这一问题呢？为了避免把字符数据与标记中需要用到的一些特殊符号相混淆，XML 提供了实体引用。实体引用的作用是：当在字符数据中需要使用“>”、“<”、“&”、“'”及“"”等特殊符号时，使用实体引用来代替。实体引用必须以符号“&”开头，以符号“;”结尾，XML 中的实体引用如表 2-1 所示。

表 2-1　XML 的实体引用

符　号	实 体 引 用
>	>
<	<
&	&
'	'
"	"

【例 2-3】实体引用举例。

```
<?xml version ="1.0" encoding ="GB2312" ?>
<!--以下是一个使用实体引用的例子-->
<program>
 <script>
     if(a &lt; b) then max=b
 </script>
 </program>
```

边做边想

当例 2-3 中元素“script”的内容为以下几种情况时，该如何使用实体引用？

```
① if(a>b) then max=b
  else max=a
②
name=trim(request("name"))
passwd1=trim(request("pass1"))
passwd2=trim(request("pass2"))
if passwd1<>passwd2 then
```

```
    response.write "sorry,you're wrong!"
    response.redirect "register.asp"
  else
    mima=passwd1
  end if
```

如果文本内容中包含大量的“>”、“<”、“&”、“'”及“"”等特殊符号时，需要花费很大的力气进行转换，转换后文本的可读性将变得很差，怎样解决这个问题呢？在 XML 中，可以把这样的文本包含到 CDATA 节中，包含在 CDATA 节中的文本不被 XML 解析器解析，直接提供给应用程序，其语法格式如下：

```
<![CDATA[
文本内容
]]>
```

CDATA 节以“<![CDATA[”开始，以“]]>”结束，文本内容即为要包含的文本。

【例 2-4】CDATA 节的简单应用。

```
<?xml version ="1.0" encoding ="GB2312" ?>
<!--以下是一个使用 CDATA 节的例子-->
<program>
 <script>
     <![CDATA[
         if(a<b) then max=b
       ]]>
 </script>
</program>
```

① CDATA 必须大写。
② CDATA 不允许嵌套，即 CDATA 节中不能再出现 CDATA 节。
③ “<![CDATA[”是一个整体，这些字符之间不允许出现空格。
④ “]]>”是一个整体，这些字符之间也不允许出现空格。

2.3 创建格式良好的 XML 文档

XML 除了标准定义之外，几乎任何标记的设置都可以自行定义，在自由设置的条件下，XML 提供了一些特定的规则，用户所创建的 XML 文档只有符合这些规则，解析器才会处理。

2.3.1 格式良好的 XML 文档

类似每一种编程语言，XML 文档必须有规范的格式，符合一定规则的文档才可以被解析器识别并正确处理。否则，如果接收到的是格式不规范的 XML 文档，XML 解析器就会产生错误信息。那么，什么样的文档是格式良好的 XML 文档呢？格式良好的 XML 文档需要符合什么规则呢？理论上，符合 XML 语法规则和结构规则的 XML 文档就可以称做格式良好的 XML 文档。XML 的语法规则在本章中已作介绍，不再赘述，而结构规则可以归纳如下。

（1）XML 文档必须以一个 XML 声明开始。

（2）XML 文档有且只能有一个根元素。

（3）开始标记和结束标记必须成对出现。

（4）各元素之间正确地嵌套。

（5）正确使用实体引用。

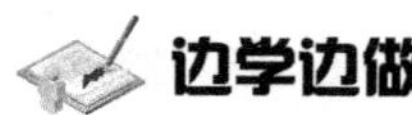

边学边做

为图书馆创建一个图书列表的 XML 文档，记录图书馆中图书的信息，包括书名、作者、出版社、出版日期、定价等信息。要求创建的 XML 文档是一个格式良好的 XML 文档。

2.3.2 有效的 XML 文档

格式良好的 XML 文档指的是该文档需要符合 XML 语法规则和结构规则，但一份真正有用的 XML 文档，除了格式良好之外，还必须是有效的。针对某些具体的问题，有时可能需要对 XML 文件怎样组织数据进行必要的限制，以便解析器能更好地解析其中的数据，符合这些限制条件的 XML 文档被称做有效的 XML 文档。

例如，下面描述火车时刻表的 XML 文档 Timer1.xml 和 Timer2.xml。

Timer1.xml：

```
<火车时刻表>
   <T28>
       开车时间: 8:20
   </T28>
</火车时刻表>
```

Timer2.xml：

```
<火车时刻表>
   <T28>
       开车时间:
       <hours>8</hours>
       <minutes>20</minutes>
   </T28>
```

```
</火车时刻表>
```

用户在阅读这两篇 XML 文档时，都能知道列车 T28 的开车时间，但是这两篇 XML 文档的结构却是截然不同的，在 Timer1.xml 中，元素 T28 只有文本数据“开车时间：8:20”，而在 Timer2.xml 中，元素 T28 除了包含文本数据“开车时间：”外，还包含两个子元素 hours 和 minutes。

对 XML 文档的结构进行限制的方式有两种：文档类型定义（DTD）和 XML Schema 模式。一个格式良好的 XML 文档符合 DTD 或 XML Schema 模式的要求时，就可以称该 XML 文档是一个有效的 XML 文档。值得说明的是，DTD 或 XML Schema 对于 XML 文档来说并不是必需的，但 XML 文档要由 DTD 或 XML Schema 来保证其有效性，有 DTD 或 XML Schema 的 XML 文档会使其便于阅读，且易于发现错误。关于 DTD 和 XML Schema 的相关知识将分别在第 3 章和第 4 章中介绍，学习了第 3 章和第 4 章的知识之后，读者将能创建出有效的 XML 文档。

2.4 学生管理系统的 XML 文档实例

```
<?xml version ="1.0" encoding ="GB2312"?>
<学生名单>
   <计算机学院>
      <学生 性别="男">
         <学号>08031101</学号>
         <姓名>李佳泽</姓名>
         <联系方式>87667140</联系方式>
      </学生>
      <学生 性别="男" 职务="班长">
         <学号>08031102</学号>
         <姓名>安旭</姓名>
         <联系方式>87667141</联系方式>
      </学生>
      <学生 性别="女">
         <学号>08031103</学号>
         <姓名>白金花</姓名>
         <联系方式>87667142</联系方式>
      </学生>
      <学生 性别="男">
         <学号>08031104</学号>
         <姓名>李振业</姓名>
         <联系方式>87667143</联系方式>
      </学生>
```

```
    <学生 性别="男">
        <学号>08031105</学号>
        <姓名>张庆栋</姓名>
        <联系方式>87667144</联系方式>
    </学生>
    <学生 性别="男">
        <学号>08031106</学号>
        <姓名>吕鸿谭</姓名>
        <联系方式>87667145</联系方式>
    </学生>
    <学生 性别="男">
        <学号>08031107</学号>
        <姓名>单奕寒</姓名>
        <联系方式>87667146</联系方式>
    </学生>
</计算机学院>
<信息学院>
    <学生 性别="女">
        <学号>08031108</学号>
        <姓名>周泽华</姓名>
        <联系方式>87667147</联系方式>
    </学生>
    <学生 性别="男">
        <学号>08031109</学号>
        <姓名>赫阳阳</姓名>
        <联系方式>87667148</联系方式>
    </学生>
    <学生 性别="男">
        <学号>08031110</学号>
        <姓名>刘福欣</姓名>
        <联系方式>87667149</联系方式>
    </学生>
    <学生 性别="男">
        <学号>08031111</学号>
        <姓名>徐菲</姓名>
        <联系方式>87667150</联系方式>
    </学生>
    <学生 性别="男">
        <学号>08031112</学号>
        <姓名>郑崇义</姓名>
```

```
            <联系方式>87667151</联系方式>
        </学生>
        <学生 性别="男" 职务="团支书">
            <学号>08031113</学号>
            <姓名>王晓俊</姓名>
            <联系方式>87667152</联系方式>
        </学生>
        <学生 性别="男">
            <学号>08031114</学号>
            <姓名>任禾</姓名>
            <联系方式>87667153</联系方式>
        </学生>
    </信息学院>
</学生名单>
```

2.5 实验指导

【实验指导】 创建通讯录的 XML 文档

1．实验目的

（1）掌握 XML 文档结构。

（2）掌握 XML 文档基本语法。

2．实验内容

创建一个 XML 文档，要求存放自己好友的信息，包括姓名、性别、出生日期、联系方式、家庭住址，其中联系方式包括联系电话、QQ 号和 E-mail。

3．实验步骤

（1）同第 1.5 节实验指导的步骤（1）～（4），打开 Altova XMLSpy 2010，创建一个新文档，进入 Altova XMLSpy 的文本窗口中，开始编写 XML 文档。

（2）将第一行<?xml version="1.0" encoding="UTF-8"?>中 encoding 属性的值修改为"GB2312"。

（3）输入如下文本：

```
<好友信息>
    <好友>
        <姓名>小张</姓名>
        <性别>女</性别>
        <出生日期>1988-01-10</出生日期>
        <联系方式>
```

```
            <联系电话>12345678909</联系电话>
            <QQ号>123456</QQ号>
            <E-mail>xiaozhang@163.com</E-mail>
        </联系方式>
        <家庭住址>大连市金州区</家庭住址>
    </好友>
    <好友>
        <姓名>小王</姓名>
        <性别>男</性别>
        <出生日期>1989-10-10</出生日期>
        <联系方式>
            <联系电话>90987654321</联系电话>
            <QQ号>2134567</QQ号>
            <E-mail>xiaowang@163.com</E-mail>
        </联系方式>
        <家庭住址>大连市金州区</家庭住址>
    </好友>
</好友信息>
```

（4）输入完成后，选择“文件”→“另存为”菜单命令，保存文档，文档名为“tongxun.xml”。

2.6 习题

一、选择题

1．如果需要在 XML 文件中显示简体中文，那么 encoding=（　　）。
   A．GB2312　　B．BIG5　　C．UTF-8　　D．UTF-16
2．以下的标记名称中不合法的是（　　）。
   A．<Book>　　B．<_Book>　　C．<:Book>　　D．<#Book>
3．以下 XML 语句错误的是（　　）。
   A．<Book name="xml 技术"　name=" xml" />
   B．<Book Name="xml 技术"　name=" xml" />
   C．<Book name="xml 技术"　name2=" xml" />
   D．<Book Name="xml 技术"　NAME=" xml" />
4．XML 文档默认的编码方式是（　　）。
   A．ASCII　　B．Unicode　　C．UTF-16　　D．UTF-8
5．下列元素定义中正确是（　　）。
   A．<book></Book>　　B．<BOOK></book>
   C．<book></book>　　D．<Book></bOOK>

6．实体引用符'代表的是下列哪个特殊符号？（　　）

A．<　　B．>　　C．'　　D．"

7．XML 声明语句：<?xml version="1.0"（　　）="UTF-8"?>。

A．standalone　　B．encoding　　C．encording　　D．cording

8．下面的 XML 文档片断，哪个是格式良好的？（　　）

A．<A>abc</a>　　B．<p>goodidea!</p>

C．<A>abc<B/></A>　　D．<A><B></A></B>

9．下面关于 XML 命名规则的叙述，哪个是不正确的？（　　）

A．允许以冒号"："开头　　B．有效命名符可以是数字、下画线

C．允许以汉字开头　　D．允许以数字开头

10．下面哪些是不正确的 XML 标记名称？（　　）

A．abc234-_qde　　B．_3234.23

C．student　　D．5abc

11．下面哪个元素的嵌套是正确的？（　　）

A．<学生>
<姓名>张三
</学生></姓名>

B．<学生>
<姓名>
</学生>张三</姓名>

C．<学生>
<姓名>张三</姓名>
</学生>

D．<学生>
张三
</学生><姓名></姓名>

12．下面关于 XML 属性的叙述正确的是（　　）。

A．属性名称不区分大小写

B．属性必须既有名称又有值

C．属性可以出现在元素的开始标记、结束标记及空标记中

D．属性值可以包含文本字符和标记字符

13．下面哪个 XML 文档是格式良好的？（　　）

A．<?xml　version="1.0" encoding="GB2312"?>
<A><B/>
<?endProcesse lement="B"?>
</A>

B．<?beginProcesse　lement="A"?>
<?xmlversion="1.0"　encoding="GB2312"?>
<A><B/>　　</A>

C．<?xml　version="1.0" encoding="GB2312"?>

<A><B/></A>

<A><C/></A>

D. <!--Thisdocumentkeeptheorderinformation-->

<?xml version="1.0" encoding="GB2312"?>

<A><B/> </A>

14．假设用户要在 XML 文档中的某个元素里，比如<sample>元素，放一个 HTML 代码样例，请问下面哪种方法能最好？（ ）

A．直接把这些代码作为<sample>元素的内容

B．把这些代码放到 CDATA 节中，然后放到<sample>元素下

C．把这些代码中的特殊字符用字符引用或实体引用来替换，然后放到<sample>元素下

15．下面哪些是正确的？（ ）

A．<A attr=’” value”’ >   B．<A attr=value>

C．<A attr=’ value’ >   D．</A attr=” value” >

二、填空题

1．在 XML 中，所有的属性值必须用__________括起来。

2．同一个元素不能有多个_________的属性。

3．注释不允许_________。

4. 当元素内容中含有较多的特殊符号时，使用实体引用比较麻烦，可以使用_______。

5．XML 元素由_________、结束标记和两者之间的内容 3 个部分组成。

6．XML 声明位置是_______________。

7．XML 文档中的“例子”元素的内容为“if x<>y then x=（y-x）”，则相应的 XML 文档可以写成：

<?xml version=“1.0”>

<例子>____ </例子>

三、编程题

将表 2-2 中的数据用 XML 文档表示出来。

表 2-2　班级学生信息表

班级编号	班级人数	学　号	姓　名	出生日期
08001	32	0800101	赵冲	1985-12-23
		0800102	韩军	1986-1-15
08002	28	0800201	胡天娇	1985-10-5
		0800202	冷志远	1985-7-19

第3章 文档类型定义

XML 的最大优势在于允许针对具体的信息描述创建体现数据之间逻辑关系的自定义标记，确保文档具有结构清晰和易于阅读的特点。一个完整意义上的 XML 文档不仅要格式良好，而且要符合一定的要求，这些要求就是由文档类型定义 DTD 规定的。本章在对 DTD 作简要概述的基础上，将详细介绍 DTD 的结构、语法，以及如何在 XML 文档中使用 DTD 等内容。

3.1 DTD 概述

DTD 是 Document Type Definition（文档类型定义）的缩写。用户虽可按照 XML 文档语法规则根据需要创建自己的标记，但为便于数据交换，不同用户创建的文档不能仅仅依据个人意愿和爱好进行设计，还需要为这些文档事先规定明确的规则，以确保文档的一致性和有效性，这些用来指定文档结构的一系列规则就是 DTD。

3.1.1 DTD 简介

DTD 实际上可以看做一个或多个 XML 文档的模板，这些 XML 文档中的元素、元素的属性、元素的排列顺序、元素能够包含的内容及属性的相关设置等都必须符合 DTD 中的定义。例如，学期末各学院需向教材科上报下学期教材信息，内容包括书籍名称、作者、出版社、定价等信息。其中，计算机学院和管理学院制定的教材信息文档如下。

计算机学院.xml：

```
<?xml version="1.0" encoding="GB2312"?>
<计算机学院>
<教材>
    <名称>XML 程序设计</名称>
```

```
        <出版社>清华大学出版社</出版社>
        <作者>张万</作者>
        <定价>12.80</定价>
    </教材>
    </计算机学院>
```

管理学院.xml：

```
<?xml version="1.0" encoding="GB2312"?>
<管理学院>
    <教材>
        <名称>管理学</名称>
        <出版社>清华大学出版社</出版社>
        <主编>王贺</主编>
        <定价 货币单位="人民币">16.90</定价>
    </教材>
</管理学院>
```

计算机学院.xml 与管理学院.xml 均是格式良好的 XML 文档，但由第 2 章的介绍可知道，这两篇 XML 文档的文档结构树却是完全不同的，不利于信息的共享，教材科在进行信息的汇总时会有很大的困难。为解决这一弊端，教材科应事先制定好一份规则，所有学院都必须按照这一规则来制定 XML 文档，这个规则称为 DTD。DTD 可以明确地指明文档结构，列出可在文档中使用的元素、属性和实体等，以及这些内容之间可能的相互联系，使文档做到有据可依，减少错误的发生。

DTD 虽然定义了文档的结构，但它与具体文档的实际数据是脱离的。所以，DTD 既可作为某一篇 XML 文档的规则说明，同时也可作为多篇 XML 文档的规则说明。也就是说，DTD 可以直接写在 XML 文档内，作为该篇文档的规则说明，也可单独形成文件，独立存在于 XML 文档的外部，以供多篇文档共享。因此，可将 DTD 分为内部 DTD 和外部 DTD 两种，下面将这两种 DTD 文件的结构及引用方法进行详细介绍。

边学边做

请画出计算机学院.xml 与管理学院.xml 文档的文档结构树。

3.1.2 DTD 的基本结构

【例 3-1】 内部 DTD。

```
<?xml version="1.0" encoding="GB2312"?>
<!DOCTYPE 订书信息[
<!ELEMENT 书名 (#PCDATA)>
<!ELEMENT 出版社 (#PCDATA)>
<!ELEMENT 主编 (#PCDATA)>
```

```
6  <!ELEMENT 定价 (#PCDATA)>
7  <!ELEMENT 数量 (#PCDATA)>
8  <!ATTLIST 学院 院名 CDATA  #REQUIRED>
9  <!ELEMENT 学院 (书名,出版社,主编,定价,数量)*>
10 <!ELEMENT 订书信息 (学院)>
11 ]>
12 <订书信息>
13     <学院 院名="计算机学院">
14         <书名>XML 程序设计</书名>
15         <出版社>清华大学出版社</出版社>
16         <主编>张万</主编>
17         <定价>12.80</定价>
18         <数量>450</数量>
19     </学院>
20  </订书信息>
```

边做边想

① 第 2 行中 DOCTYPE 是否可以小写？“<!”与“DOCTYPE”之间是否应该有空格？“订书信息”与“[”之间是否有空格？

② 第 3 行中“<!”与“ELEMENT”之间是否应该有空格？“书名”与“(#PCDATA)”之间的空格是否可以省略？“(#PCDATA)”与“>”之间是否存在空格？

③ 是否可以向源程序中追加管理学院的教材信息？若不可以，请给出会出现的错误提示信息。

④ 是否可以向源程序的计算机学院中追加教材信息？若把第 9 行代码中的星号“*”去掉，前述操作是否可以成功执行？

⑤ 将源程序中“书名”、“出版社”、“主编”、“定价”与“数量”元素的顺序任意颠倒，是否会出现错误？若出现错误，请给出出现的错误提示信息。

⑥ 第 9 行代码中圆括号内的逗号分别使用半角逗号和全角逗号，观察是否会出现错误。

在例 3-1 的 XML 文档中，第 3～10 行的内容为 DTD 的内容，第 12～20 行为 XML 文档的内容，DTD 直接存在于 XML 文档的内部，它所定义的规范约束只能应用于此 XML 文档。

第 1 行代码为 XML 的声明部分；第 2 行代码为引用内部 DTD 的指令，是内部 DTD 的开始；第 3～7 行代码是 DTD 对 XML 文档中要用到的元素的声明；第 8 行代码是 DTD 对 XML 文档中要用到的属性的声明；第 9～10 行代码则对 XML 文档中元素的出现次数及顺序作了规定；第 11 行代码则是内部 DTD 的结束标记；第 12～20 行代码则是符合内部 DTD 要求的 XML 文档实例主体部分。

【例 3-2】外部 DTD。

```
1 <?xml version="1.0" encoding="GB2312"?>
2 <!ELEMENT 书名 (#PCDATA)>
3 <!ELEMENT 出版社 (#PCDATA)>
4 <!ELEMENT 主编 (#PCDATA)>
5 <!ELEMENT 定价 (#PCDATA)>
6 <!ELEMENT 数量 (#PCDATA)>
7 <!ATTLIST 学院 院名 CDATA #REQUIRED>
8 <!ELEMENT 学院 (书名,出版社,主编,定价,数量)*>
9 <!ELEMENT 订书信息 (学院)>
```

该文档是一个外部 DTD 文档，外部 DTD 是独立存在的文件，它的扩展名是.dtd。创建该文件的步骤如下。

（1）在 Altova XMLSpy 2010 中，选择“文件”→“新建”菜单命令，弹出如图 3-1 所示的“创建新文档”对话框。

创建新文档

选择你要创建的文档类型:

asp	Active Server Page
biz	BizTalk Schema
cml	Chemical Markup Language
css	层叠样式表文档
dcd	Document Content Description
dtd	XML Document Type Definition
ent	External Entity
fo	Formatting Objects
htm	HTML Document
html	HTML Document
jsp	JavaServer Page
math	Mathematical Markup Language
mml	媒体目录文件

选择一个视觉样式样式表... 确定 取消

图 3-1 “创建新文档”对话框

（2）在图 3-1 所示的对话框中，选择“dtd XML Document Type Definition”一项，单击“确定”按钮，进入代码编辑窗口，即可输入例 3-2 所示的源代码。

例 3-2 的 DTD 文件中，其第 2～9 行的内容实际上就是例 3-1 中第 3～10 行的内容，每行的含义在这里就不再介绍，第 1 行是 XML 声明语句，便于维护。这个外部 DTD 所起的作用与例 3-1 的内部 DTD 完全相同，也是提供了一套机制，用来控制 XML 文档的结构。单击代码编辑窗口（见图 3-2）中的“栅格”标签，即可看到所创建的 DTD 文件的结构，如图 3-3 所示。

从上述例 3-1 和例 3-2 两个例子中不难看出，DTD 文档的结构与 XML 文档的结构不同，它有自己独立的语法，关于语法的内容将在第 3.2～第 3.4 节中进行详细介绍。

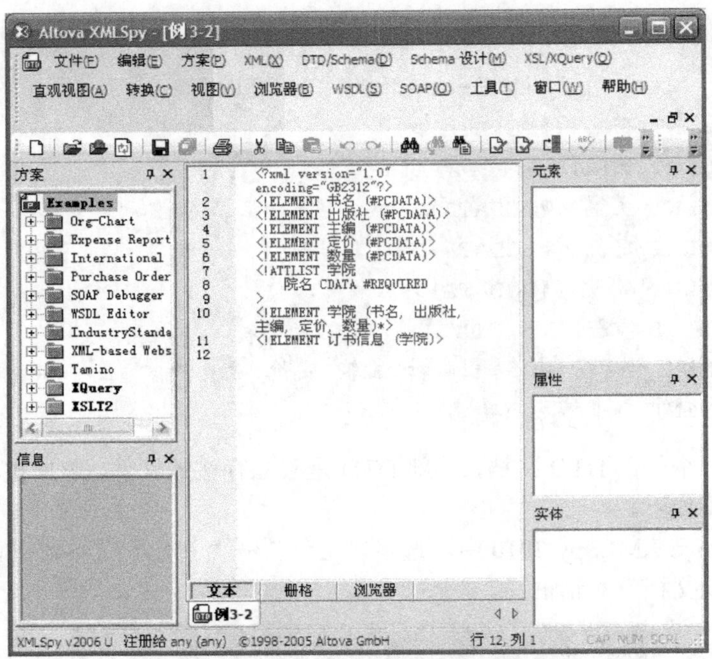

图 3-2 编辑窗口

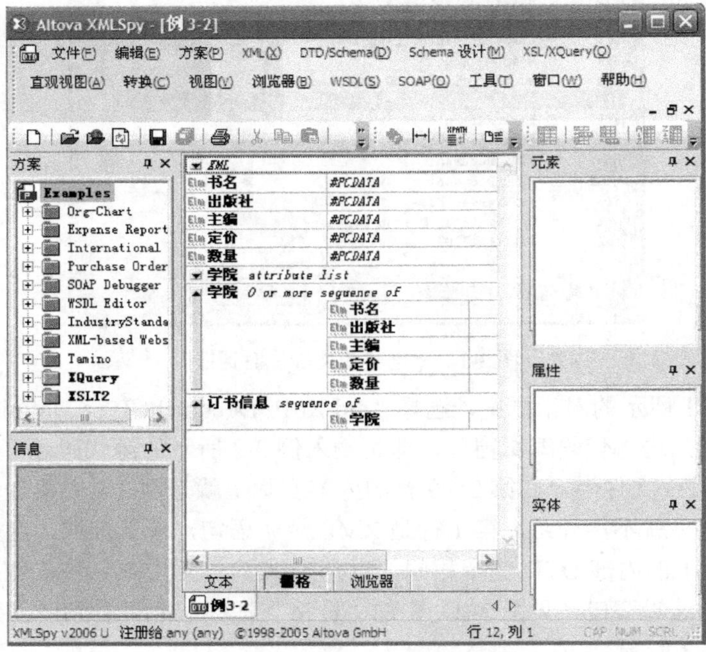

图 3-3 DTD 文件的结构

3.1.3 DTD 引用

内部 DTD 是在 XML 文档中直接创建的 DTD，而外部 DTD 则是已经被编辑好的独立文件，该文件可被不同的 XML 文档共享和调用。XML 文档若要遵循 DTD 文件中的规则，就必须引用 DTD 文件。那么，XML 文档应如何引用 DTD 呢？这节将详细介绍引用 DTD 的方法。

1. 内部 DTD 的引用

内部 DTD 是将 XML 文档中的元素、属性及实体的声明放在 XML 文档中。引用内部 DTD 对 XML 文档的有效性进行验证的方法如下：

```
<!DOCTYPE 根元素[
        DTD对元素、属性、实体等的声明
]>
```

说明：

（1）“<!”表示指令的开始，DOCTYPE 则是文档类型定义指令的关键字。

（2）“根元素”为 XML 实例文档中根元素的名称。

（3）DOCTYPE 不可小写，必须大写，且在“<!”与“DOCTYPE”之间不可有空格。

（4）“]>”表示文档类型定义结束，且“]”与“>”之间不可有空格。

（5）内部引用 DTD 语句应该放在 XML 声明语句的下面，XML 文档实例元素内容的上面。

关于内部 DTD 引用请参见例 3-1，这里不再赘述。

2. 外部 DTD 的引用

内部引用 DTD 虽比较方便，但由于 DTD 存放在 XML 文档的内部，这将会使 XML 文档的长度剧增。另外，内部引用 DTD 也不便于共享，若多个 XML 文档的结构都相同，则每个 XML 文档都需重写同一个 DTD，这样就会造成资源的浪费，增加开发成本。如果 DTD 本身比较复杂，且需要重复利用，此时应该使用外部 DTD。

外部 DTD 文件根据其性质，可分为私有 DTD 文件或公共 DTD 文件两类。私有 DTD 文件指的是未被公开的，属于个人或组织私有的 DTD 文件；公共 DTD 文件指的是由国际上某些标准组织为某一行业或领域所制订的标准公开 DTD 文件。对于这两种外部 DTD 文件，其引用方式也不尽相同。

（1）私有 DTD 文件的引用。

```
<!DOCTYPE 根元素 SYSTEM "URL_DTD">
```

其中，SYSTEM 为关键字，表示引用的是外部私有 DTD 文件，此关键字必须大写。“URL_DTD”是外部私有 DTD 文件的路径，可以是绝对路径，也可以是相对路径。

【例 3-3】引用外部私有 DTD 文件。

```
<?xml version="1.0" encoding="GB2312" standalone="no"?>
<!DOCTYPE 订书信息 SYSTEM "例3-2.dtd">
<订书信息>
 <学院 院名="计算机学院">
     <书名>XML 程序设计</书名>
     <出版社>清华大学出版社</出版社>
     <主编>张万</主编>
     <定价>12.80</定价>
```

```
9       <数量>450</数量>
10 </学院>
11 </订书信息>
```

其中，第 1 行为 XML 的声明语句，声明部分的 standalone 属性的值应为“no”，表示该 XML 文档需要依赖一个外部 DTD 文件来验证其有效性；第 2 行则是引用外部 DTD 文件，此处使用的是相对路径；第 3～11 行则为 XML 文档实例部分。值得说明的是，引用外部 DTD 文件的语句一般放在 XML 声明语句的下面，XML 文档实例部分的上面。

（2）公共 DTD 文件的引用。

```
<!DOCTYPE 根元素 PUBLIC "公共标识名" "URL_DTD">
```

其中，PUBLIC 是关键字，必须大写，表示引用的是公共 DTD 文件，“公共标识名”是必须存在的，其命名规则为：公共标识名只能包含字母、数字、空格及“_”、“%”、“$”、“#”、“@”、“(”、“)”、“+”、“:”、“=”、“/”、“!”、“*”、“;”和“?”等字符。

公共标识名中需要依次包含以下 4 项内容信息，各项内容之间必须用两个斜杠“//”进行分隔。

① 表明出身：如果 DTD 是由 ISO 发布的标准 DTD，则公共标识名要以“ISO”字符串开头；如果 DTD 是被改进的非 ISO 标准的 DTD，也就是说，此 DTD 是由 ISO 以外的标准组织发布的，则公共标识名要以“+”字符开头；如果 DTD 是由个人发布的，则公共标识名要以“-”字符开头。

② 表明拥有者：该部分必须包含一个表示 DTD 拥有者的字符串。

③ 表明主要内容：该部分必须包含一个对 DTD 描述的信息字符串。

④ 表明使用的语言：该部分必须包含一个表明所使用的语言标识，该语言标识必须是由 ISO639 所定义过的标准标识。常用的语言标识有：EN 代表英文，FR 代表法文，DE 代表德文，ZH 代表中文。

假设例 3-2 是由一个名叫 WJJ 的人用中文编写的关于订书信息的公共 DTD，则对此 DTD 的引用如例 3-4 所示。

【例 3-4】引用公共 DTD 文件。

```
1 <?xml version="1.0" encoding="GB2312" standalone="no"?>
2 <!DOCTYPE 订书信息 PUBLIC "-//WJJ//book//ZH" "例 3-2.dtd">
3 <订书信息>
4  <学院 院名="计算机学院">
5       <书名>XML 程序设计</书名>
6       <出版社>清华大学出版社</出版社>
7       <主编>张万</主编>
8       <定价>12.80</定价>
9       <数量>450</数量>
10 </学院>
11 </订书信息>
```

其中，第 2 行为引用外部公共 DTD 的语句，“-//WJJ//book//ZH”为公共标识名，“-”表示是个人发布的公共 DTD 文件，“WJJ”是拥有者的姓名，“book”表明 XML 文档的主要内容，“ZH”则表示所使用的语言——中文，各项内容之间均用“//”进行分隔。

3.2 DTD 元素声明

有效的 XML 文档中使用的所有元素都必须在 DTD 中事先进行声明，声明的内容包括元素的名称、元素的内容、元素拥有的属性、元素出现的次数和先后顺序及元素之间的关系等。DTD 对 XML 文档中元素的这些信息的声明称为元素声明，这样，就可以在 DTD 中对元素所能包含的内容进行较为精确的限制，从而规定文档的逻辑结构。本节将就元素的名称、元素的内容、元素出现的次数和先后顺序及元素之间的关系等部分的声明展开详细讨论，关于元素拥有的属性的声明将在第 3.3 节中进行介绍。

3.2.1 元素声明的语法

元素声明的基本语法如下：

```
<!ELEMENT 元素名称 (元素内容类型)>
```

说明：

（1）“<!”表示元素声明的开始，ELEMENT 是元素声明的关键字，该关键字必须大写。

（2）“元素名称”用来指定元素的名称，XML 文档中所使用的标记名均需来自元素声明中的元素名称。

（3）“元素内容类型”用来描述元素可能包含的内容的类型。

（4）“>”表示元素声明的结束。

DTD 中对元素声明的顺序没有明确的规定，一般可先从叶子节点开始声明子元素，再声明父元素，以此类推，最后声明根元素。

例如，例 3-2 中第 2 行代码声明了元素“书名”：

```
<!ELEMENT 书名 (#PCDATA)>
```

3.2.2 元素内容类型

DTD 中可声明的元素内容类型共有 5 种，它们分别是：EMPTY、ANY、#PCDATA、子元素类型和混合型。

1. EMPTY

关键字 EMPTY 表示所声明的元素为空元素，该类型的元素可以有属性，但不能有字符数据或子元素。声明空元素的语法格式如下：

```
<!ELEMENT 元素名称 EMPTY>
```

边学边做

声明一个空元素“书名”，并创建符合要求的元素。

2. ANY

关键字 ANY 表示所声明的元素可以为 EMPTY、#PCDATA、子元素类型或混合型这 4 种类型之一，声明的语法格式如下：

```
<!ELEMENT 元素名称 ANY>
```

边学边做

假设 DTD 中存在如下语句：

```
<!ELEMENT 书名 ANY>
```

请问以下元素“书名”是否符合 DTD 的要求？若不符合，请说明不符合的原因。

```
①<书名></书名>
②<书名/>
③<书名 作者="张万"/>
④<书名>XML 程序设计</书名>
⑤<书名>
     XML 程序设计
     <作者>张万</作者>
  </书名>
```

边做边想

在 DTD 中声明类型为 EMPTY 或 ANY 的元素时，是否需要把关键字 EMPTY 和 ANY 放在圆括号中？若放在圆括号中，会出现怎样的错误提示？

提示

ANY 关键字可使用户在创建 XML 文档时更为自由，但同时也会导致 XML 文档结构性的丧失，因此一定要慎用该关键字。

3. #PCDATA

关键字#PCDATA 表示所声明的元素只能包含字符数据，即只能包含文本数据，而不能包含其他任何元素。声明的语法格式如下：

```
<!ELEMENT 元素名称 (#PCDATA)>
```

例 3-2 中第 3 行声明了元素“出版社”，该元素的类型为“#PCDATA”。

边学边做

假设 DTD 中存在如下语句：

```
<!ELEMENT 书名 (#PCDATA)>
```

请问以下元素“书名”是否符合 DTD 的要求？若不符合，请说明不符合的原因。

```
①<书名></书名>
②<书名/>
③<书名>XML 程序设计</书名>
④<书名>
     XML 程序设计
     <作者>张万</作者>
  </书名>
```

4．子元素类型

在 XML 文档中，元素可以包含子元素，此时需要声明元素的类型为子元素类型，指定该元素可以包含哪些子元素。根据子元素之间的关系，子元素的内容模型有两种结构：顺序结构和选择结构。

（1）子元素之间为顺序结构时，声明的语法格式如下：

```
<!ELEMENT 元素名称 (子元素 1,子元素 2,……,子元素 n)>
```

顺序结构意味着在 XML 文档中这 n 个子元素必须按照声明时出现的先后顺序依次嵌套在指定的父元素中。

例如，例 3-2 中第 8 行代码：

```
<!ELEMENT 学院 (书名,出版社,主编,定价,数量)*>
```

声明了一个元素“学院”，该元素包含 5 个子元素：书名、出版社、主编、定价和数量，并且这 5 个子元素必须按照该顺序依次出现。值得说明的是，这些子元素之间的逗号均为半角字符。

（2）子元素之间为选择结构时，声明的语法格式如下：

```
<!ELEMENT 元素名称 (子元素 1|子元素 2|……|子元素 n)>
```

选择结构意味着在 XML 文档中只能从这 n 个子元素中选择其中的一个作为指定父元素的子元素。

例如：

```
<!ELEMENT 配偶 (丈夫|妻子)>
```

声明了一个元素“配偶”，该元素只能包含子元素“丈夫”或“妻子”。

边学边做

现存在如下 DTD 文件，请使用内部引用 DTD 的方式创建出符合要求的 XML 文档实例。

```
<!ELEMENT 姓名 (#PCDATA)>
<!ELEMENT 性别 (#PCDATA)>
<!ELEMENT 联系电话 (#PCDATA)>
<!ELEMENT 丈夫 (姓名,联系电话)>
<!ELEMENT 妻子 (姓名,联系电话)>
<!ELEMENT 配偶 (丈夫|妻子)>
<!ELEMENT 员工 (姓名,性别,联系电话,配偶)>
<!ELEMENT 员工列表 (员工,员工,员工)>
```

5. 混合型

混合型的元素既可包含文本数据，也可以包含子元素。声明混合型的语法格式如下：

```
<!ELEMENT 元素名称 (#PCDATA|子元素)>
```

例如：

```
<!ELEMENT 学院 (#PCDATA| (书名,出版社,主编,定价,数量))>
```

声明了一个元素“学院”，该元素既可以包含文本数据，也可以包含“书名”、“出版社”、“主编”、“定价”和“数量”这 5 个子元素。也就是说，以下两个 XML 文档均符合要求。

文档 1：

```
<学院>计算机学院</学院>
```

文档 2：

```
<学院>
        <书名>XML 程序设计</书名>
        <出版社>清华大学出版社</出版社>
        <主编>张万</主编>
        <定价>12.80</定价>
        <数量>450</数量>
</学院>
```

3.2.3 控制元素内容

在第 3.2.2 节中，通过声明元素为子元素类型来严格控制其内容，比如，控制元素有哪些子元素、每个子元素出现的次数和顺序等。这种方法虽可以十分精确地控制文档的结构，但在一些较为灵活的情况下，比如，某些元素可以出现、也可以不出现，某些元素可以出现多次、出现的次数不固定等，使用该方法就无法达到控制要求，这时需要使用符号来控制元素出现的次数。各符号及其含义如表 3-1 所示。

表 3-1　控制元素出现次数的符号表

符　号	含　义
+	元素可以出现的次数为 1～n 次
*	元素可以出现的次数为 0～n 次
?	元素可以出现的次数为 0～1 次

（1）“+”表示元素可以出现任意多次，但必须至少出现 1 次。例如：

```
<!ELEMENT 学院 (书名+) >
```

表示元素“学院”可以包含一个或多个元素“书名”。

（2）“*”表示元素可以一次也不出现，也可以出现多次。例如：

```
<!ELEMENT 学院 (书名*) >
```

表示元素“学院”可以不包含元素“书名”，也可以包含一个或多个元素“书名”。

（3）“?”表示元素可以一次也不出现，也可以出现一次。例如：

```
<!ELEMENT 学院 (书名?) >
```

表示元素“学院”至多包含一个元素“书名”。

边学边做

针对以上 3 种情况，分别创建符合要求的元素“学院”。

对于以某种方式组合在一起的两个或多个元素出现次数的控制，可通过在表示组合的圆括号外追加“+”、“*”或“?”。例如：

```
<!ELEMENT CD (歌手,(专辑,年份)+) >
```

表示元素“CD”包含一个“歌手”元素，另外还包含一个或多个由“专辑”与“年份”组成的元素组。

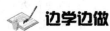

边学边做

试创建符合要求的元素“CD”。

3.2.4　元素声明综合实例

【例 3-5】元素声明综合实例。

```
<?xml version="1.0" encoding="GB2312"?>
<!ELEMENT 姓名 (#PCDATA)>
<!ELEMENT 曾用名 (#PCDATA)>
<!ELEMENT 性别 (#PCDATA)>
```

```
5   <!ELEMENT 院系 (#PCDATA)>
6   <!ELEMENT 联系电话 (#PCDATA)>
7   <!ELEMENT 论文题目 (#PCDATA)>
8   <!ELEMENT 期刊名称 (#PCDATA)>
9   <!ELEMENT 发表时间 (#PCDATA)>
10  <!ELEMENT 丈夫 (姓名,联系电话*)>
11  <!ELEMENT 妻子 (姓名,联系电话*)>
12  <!ELEMENT 配偶 (妻子|丈夫)>
13  <!ELEMENT 教师 (姓名,曾用名*,性别,院系,联系电话+,配偶,(论文题目,期刊名称,发表时间)*)>
14  <!ELEMENT 教师列表 (教师*)>
```

例 3-5 是一个外部 DTD 文件，第 14 行声明了根元素“教师列表”，“教师列表”中可以包含 0～n 个子元素“教师”；第 13 行声明了元素“教师”，“教师”元素包含的子元素为一个“姓名”元素、0～n 个“曾用名”元素、一个“性别”元素、一个“院系”元素、1～n 个“联系电话”元素、一个“配偶”元素及 0～n 个由元素“论文题目”、“期刊名称”、“发表时间”组合而成的元素组；第 12 行声明了元素“配偶”，“配偶”元素只能包含元素“妻子”或元素“丈夫”；第 11 行声明了元素“妻子”，“妻子”元素包含的子元素为一个“姓名”元素、0～n 个“联系电话”元素；第 10 行声明了元素“丈夫”，“丈夫”元素包含的子元素为一个“姓名”元素、0～n 个“联系电话”元素；第 2～9 行分别声明了只能包含文本数据的元素“姓名”、“曾用名”、“性别”、“院系”、“联系电话”、“论文题目”、“期刊名称”及“发表时间”。

边学边做

请使用引用外部私有 DTD 文件的方式创建符合例 3-5 要求的 XML 文档。

3.3 DTD 属性声明

由第 2.2.3 节可知，属性是描述元素的额外信息，是对元素进行额外的修饰与补充，那么，如何对 XML 文档中元素拥有的属性进行声明呢？同元素一样，有效的 XML 文档中所有的属性都必须在 DTD 中事先进行声明，声明的内容包括属性的名称、属性是哪个元素所拥有的、属性的类型、属性的默认值及元素是否必须要有该属性等信息，本节将就这些内容展开讨论。

3.3.1 属性声明语法

1．元素拥有一个属性时，声明的语法格式

```
<!ATTLIST 元素名称 属性名称 属性类型 [关键字] [默认值]>
```

说明：

（1）“<!”表示属性声明的开始，ATTLIST 为属性声明的关键字，该关键字必须大写。

（2）“元素名称”为包含该属性的元素的名称。

（3）“属性名称”为要定义的属性的名称。

（4）“属性类型”为属性值的类型。

（5）“关键字”为设定默认值的关键字，是一个可选项。

（6）“默认值”为属性的默认值，必须包含在一对双引号或单引号中，是一个可选项。

例如，例 3-2 中第 7 行代码声明了属性“院名”：

```
<!ATTLIST 学院 院名 CDATA #REQUIRED>
```

2．元素拥有多个属性时，声明的语法格式

```
<!ATTLIST 元素名称 属性名称 1 属性 1 类型 [关键字] [默认值]
  属性名称 2 属性 2 类型 [关键字] [默认值]
  ......
  属性名称 n 属性 n 类型 [关键字] [默认值]>
```

例如：

```
<!ATTLIST 学生 性别 CDATA "女"
年龄 CDATA>
```

3.3.2 关键字的设定

声明属性时，关键字的作用主要是控制元素是否必须拥有该属性、在未给属性赋值时是否使用声明时提供的默认值及属性的默认值是否可以修改等，可使用的关键字如下。

1．#IMPLIED

该关键字表明属性是可选的，即在 XML 实例文档中某元素的该属性可有可无。例如：

```
<!ELEMENT 书名 (#PCDATA)>
<!ATTLIST 书名 ISBN CDATA #IMPLIED>
```

表明元素“书名”可以有属性“ISBN”，也可以没有该属性。

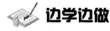

 **边学边做**

（1）试创建符合上述要求的元素“书名”。

（2）请问以下元素“书名”是否符合上述要求？不符合的请说明原因。

```
①<书名/>
②<书名>
    <ISBN>978-11-4567-21</ISBN>
  </书名>
③<书名 ISBN="978-11-4567-21"></书名>
```

```
④<书名 ISBN=978-11-4567-21></书名>
```

2. #REQUIRED

该关键字表明属性是必需的，即在 XML 实例文档中必须为元素定义该属性。例如：

```
<!ELEMENT 书名 (#PCDATA)>
<!ATTLIST 书名 ISBN CDATA #REQUIRED>
```

表明元素“书名”必须拥有属性“ISBN”。

 **边学边做**

试创建符合上述要求的元素“书名”。

请问以下元素“书名”是否符合上述要求？不符合的请说明原因。

```
①<书名 ISBN=""></书名>
②<书名>XML 程序设计</书名>
③<书名 ISBN="978-11-4567-21">XML 程序设计</书名>
```

 **思考**

当关键字分别设定为“#IMPLIED”或“#REQUIRED”时，是否可以在关键字的后面为属性提供默认值？若提供默认值，会出现怎样的错误？

3. #FIXED

该关键字表明属性的取值是固定不变的，此时，必须给出属性的默认取值。也就是说，在 XML 实例文档中，如果没有为元素定义该属性，则 XML 解析器会自动给该属性赋予声明时设定的默认值；如果为元素定义了该属性，则该属性的取值也只能是声明时设定的默认值，不能重新赋值。例如：

```
<!ELEMENT 书名 (#PCDATA)>
<!ATTLIST 书名 ISBN CDATA #FIXED "978-7-5612-4159">
```

表明元素“书名”在拥有属性“ISBN”时，只能为该属性赋值“978-7-5612-4159”，不能为其赋别的值；没有为元素“书名”定义该属性时，解析器也会自动给该属性赋值为“978-7-5612-4159”。

边学边做

（1）试创建符合上述要求的元素“书名”。

（2）请问以下元素“书名”是否符合上述要求？不符合的请说明原因。

```
①<书名>XML 程序设计</书名>
②<书名 ISBN="978-7-5612-4159">XML 程序设计</书名>
③<书名 ISBN="978-7-34-1234">XML 程序设计</书名>
```

4．没有关键字，直接给出默认值

表明为该属性提供一个默认值。在 XML 实例文档中，如果没有使用该属性，那么 XML 解析器会自动给该属性赋予默认值；如果使用该属性，则其取值可以是声明时指定的默认值，也可以重新赋一个值。例如：

```
<!ELEMENT 书名 (#PCDATA)>
<!ATTLIST 书名 ISBN CDATA "978-7-5612-4159">
```

表明元素“书名”在拥有属性“ISBN”时，可以为该属性赋值“978-7-5612-4159”，也可以为其赋别的值；没有为元素“书名”定义该属性时，解析器会自动给该属性赋值为“978-7-5612-4159”。

边学边做

试创建符合上述要求的元素“书名”。

请问以下元素“书名”是否符合上述要求？不符合的请说明原因。

①<书名>XML 程序设计</书名>

②<书名 ISBN="978-7-5612-4159">XML 程序设计</书名>

③<书名 ISBN="978-7-34-1234">XML 程序设计</书名>

3.3.3 属性类型

属性声明时需要为属性指定数据类型，DTD 提供了 10 种数据类型，如表 3-2 所示。

表 3-2 DTD 属性类型表

属性类型	含义
CDATA	字符数据，没有标记的文本
Enumerated	枚举类型
ID	具有唯一性的属性类型
IDREF	ID 引用类型
IDREFS	若干个以空格分隔的 IDREF
ENTITY	实体类型
ENTITIES	若干个以空格分开的实体类型
NMTOKEN	XML 名称记号
NMTOKENS	由空格分开的多个 XML 名称记号
NOTATION	在 DTD 中声明的标记的名称

1．CDATA 类型

CDATA 指的是纯文本字符，可以是任意长度的字符串，但不能包含“<”、“>”、“&”、“"”、“'”5 个字符，若需要使用这 5 个字符，则可以使用预定义实体进行转换。例如，例 3-2 中第 7 行代码：

```
<!ATTLIST 学院 院名 CDATA #REQUIRED>
```

指明了属性“院名”是 CDATA 类型，其取值可以为任意长度的文本字符串。

2．Enumerated 类型

Enumerated 类型为枚举类型，是指一组可接受的取值列表。注意："Enumerated"并不是关键字，若要将某元素声明为枚举类型，则需要在属性声明中数据类型的位置上用圆括号将所有可能的属性值列举出来，属性值之间用"|"隔开即可。在 XML 实例文档中，属性必须包含唯一的一个可选值，且这个值必须是在属性声明中列举的。例如：

```
<!ATTLIST 员工 性别 (男|女) #REQUIRED>
```

指明了属性"性别"为枚举类型，其取值只能为"男"或"女"。

3．ID 类型

ID 类型的属性，其属性值在文档中必须是唯一的。在 XML 实例文档中，其属性值必须是一个有效的 XML 名称：以字母或下划线开头，但不能以数字开头。因为 ID 类型要求属性值唯一，所以声明时不能为其指定默认值，也不能用"#FIXED"设定关键字。例如：

```
<!ATTLIST 员工 员工号 ID #REQUIRED>
```

指明了属性"员工号"的类型为 ID 类型，且元素"员工"必须定义该属性。

边学边做

现存在如下 DTD 文件：

```
<!ELEMENT 姓名 (#PCDATA)>
<!ELEMENT 性别 (#PCDATA)>
<!ATTLIST 员工 员工号 ID #REQUIRED>
<!ELEMENT 员工 (姓名,性别)>
<!ELEMENT 员工列表 (员工)+>
```

请问以下 XML 文档是否正确？若不正确请说明原因。

```
<员工列表>
    <员工 员工号="01">
        <姓名>王贺</姓名>
        <性别>女</性别>
    </员工>
    <员工 员工号="E01">
        <姓名>张佳</姓名>
        <性别>女</性别>
    </员工>
    <员工 员工号="e01">
        <姓名>李木</姓名>
        <性别>男</性别>
    </员工>
</员工列表>
```

4. IDREF 类型

IDREF 类型要求属性的取值必须是 XML 文档中存在的 ID 类型的属性的值。例如：

```
<!ATTLIST 员工 员工号 ID #REQUIRED>
<!ATTLIST 员工 上司 IDREF>
```

指明属性“员工号”是 ID 类型，其取值必须是唯一的。另外，属性“上司”的值必须来源于 XML 实例文档中属性“员工号”的值。

边学边做

现存在如下 DTD 文件：

```
<!ELEMENT 姓名 (#PCDATA)>
<!ELEMENT 性别 (#PCDATA)>
<!ATTLIST 员工 员工号 ID #REQUIRED>
<!ATTLIST 员工 上司 IDREF>
<!ELEMENT 员工 (姓名,性别)>
<!ELEMENT 员工列表 (员工)+>
```

请问以下 XML 文档是否正确？若不正确请说明原因。

```
<员工列表>
   <员工 员工号="E01" 上司= "E04">
       <姓名>王贺</姓名>
       <性别>女</性别>
   </员工>
   <员工 员工号="E02">
       <姓名>张佳</姓名>
       <性别>女</性别>
   </员工>
   <员工 员工号="E03"上司= "E02">
       <姓名>李木</姓名>
       <性别>男</性别>
   </员工>
</员工列表>
```

5. IDREFS 类型

IDREFS 类型相当于 IDREF 的复数。IDREFS 类型的属性取值为由一个或多个 XML 名称构成的列表，名称之间用空格间隔，且每个名称都是 XML 文档中存在的 ID 类型的属性的值。例如：

```
<!ATTLIST 员工 员工号 ID #REQUIRED>
<!ATTLIST 员工 上司 IDREFS>
```

指明属性“上司”的值为一个或多个 XML 实例文档中“员工号”属性值的组合。

边学边做

现存在如下 DTD 文件:

```
<!ELEMENT 姓名 (#PCDATA)>
<!ELEMENT 性别 (#PCDATA)>
<!ATTLIST 员工 员工号 ID #REQUIRED>
<!ATTLIST 员工 上司 IDREFS>
<!ELEMENT 员工 (姓名,性别)>
<!ELEMENT 员工列表 (员工)+>
```

请问以下 XML 文档是否正确？若不正确请说明原因。

```
<员工列表>
   <员工 员工号="E01" 上司= "E02 E03">
       <姓名>王贺</姓名>
       <性别>女</性别>
   </员工>
   <员工 员工号="E02" 上司= "E03">
       <姓名>张佳</姓名>
       <性别>女</性别>
   </员工>
   <员工 员工号="E03" >
       <姓名>李木</姓名>
       <性别>男</性别>
   </员工>
</员工列表>
```

6. ENTITY 类型

ENTITY 类型表示对一个解析内容的引用，这使用户可以把外部二进制数据（即外部未解析的普通实体）链接到文档中。例如：

```
<!ENTITY src SYSTEM "1.jpg">
<!ATTLIST IMAGE source ENTITY #REQUIRED>
```

声明了属性“source”是 ENTITY 类型，在 XML 实例文档中可以通过下列方式将图片插入文档：

```
<IMAGE source="src"></IMAGE>
```

7. ENTITIES 类型

ENTITY 与 ENTITIES 类型的关系如同前述 IDREF 与 IDREFS 类型的关系，ENTITIES

类型表示由空格分开的一个或多个 ENTITY 类型值的列表，属性值中的每个名称都必须符合 ENTITY 类型的规则。读者可以依照前述的 IDREF 与 IDREFS 类型进行练习，此处不再赘述。

8. NMTOKEN 类型

NMTOKEN 类型的属性值只能是由英文字母、数字、下画线“_”、连字符“-”、句点“.”和冒号“:”等字符所构成的字符串，且字符串中间不能有空格。例如：

```
<!ATTLIST 姓名 英文名字 NMTOKEN #REQUIRED>
```

下面的 XML 实例片段是合法的：

```
<姓名 英文名字="Hai_Li">李海</姓名>
```

9. NMTOKENS 类型

NMTOKENS 类型由一个或多个 NMTOKEN 构成，是以空格分隔开的 NMTOKEN 类型值的列表。例如：

```
<!ATTLIST 姓名 英文名字 NMTOKENS #REQUIRED>
```

下面的 XML 实例片段是合法的：

```
<姓名 英文名字="Hai Li">李海</姓名>
```

此时的属性值中可以有空格，表示两个 NMTOKEN 类型值之间的分隔。

10. NOTATION 类型

NOTATION 类型允许属性值为一个 DTD 中声明的符号，这个类型对于使用非 XML 格式的数据非常有用。

现实世界中存在着很多无法或不易用 XML 格式组织的数据，例如图像、声音、影像等。对于这些数据，XML 应用程序常常并不提供直接的应用支持。通过为它们设定 NOTATION 类型的属性，可以向应用程序指定一个外部的处理程序。例如，要为一个给定的文件类型指定一个演示设备时，可以用 NOTATION 类型的属性作为触发。

要使用 NOTATION 类型作为属性的类型，首先要为 DTD 总为可选用的记号作出定义。定义的方式有两种：一种是使用 MIME 类型，形式为：

```
<! NOTATION 记号名 SYSTEM "MIME 类型">
```

再有一种是使用 URL 路径，指定一个处理程序的路径，形式为：

```
<! NOTATION 记号名 SYSTEM "URL 路径名">
```

在下面这个例子中，为“电影”元素指定了两种可选设备：一种是 movPlayer.exe，用来播映.mov 文件；另一种则用来绘制 GIF 图像。

```
<?xml version = "1.0"
encoding="Gb2312"
standalone = "yes"?>
<!DOCTYPE 文件[
```

```
<!ELEMENT 文件 ANY>
<!ELEMENT 电影 EMPTY>
<!ATTLIST 电影 演示设备 NOTATION ( mp | gif ) #REQUIRED>
<!NOTATION mp SYSTEM "movPlayer.exe">
<!NOTATION gif SYSTEM "Image/gif">
]>

<文件>
<电影 演示设备 = "mp"/>
</文件>
```

3.3.4 属性声明综合实例

【例 3-6】属性声明综合实例。

```
1  <!ELEMENT 姓名 (#PCDATA)>
2  <!ELEMENT 任教系别 (#PCDATA)>
3  <!ELEMENT 照片 (#PCDATA)>
4  <!ATTLIST 教师 教师编号 ID #REQUIRED>
5  <!ATTLIST 学生 学号 ID #REQUIRED>
6  <!ATTLIST 学生 出生日期 NMTOKEN #IMPLIED>
7  <!ATTLIST 学生 班主任 IDREF #REQUIRED>
8  <!ATTLIST 学生 系别 CDATA #FIXED "计算机系">
9  <!ELEMENT 照片 EMPTY>
10 <!ATTLIST 照片 文件 ENTITY #REQUIRED>
11 <!ENTITY 学生照片 SYSTEM "stu.jpg">
12 <!ELEMENT 教师 (姓名,任教系别)>
13 <!ELEMENT 学生 (姓名,照片)>
14 <!ELEMENT 班级 (教师+,学生+)>
```

在例 3-6 中，第 1～3 行分别声明了元素“姓名”、“任教系别”和“照片”；第 4 行声明了属性“教师编号”，该属性是 ID 类型，且元素“教师”必须定义该属性；第 5 行声明了属性“学号”，该属性是 ID 类型，且元素“学生”必须定义该属性；第 6 行声明了属性“出生日期”，该属性是 NMTOKEN 类型，元素“学生”可以定义该属性，也可以不定义；第 7 行声明了属性“班主任”，该属性是 IDREF 类型，必须从教师的“教师编号”中取值，且“学生”元素必须定义该属性；第 8 行声明了“系别”属性，该属性必须取固定值“计算机系”；第 9 行声明了空元素“照片”；第 10 行声明了属性“照片”，该属性是 ENTITY 类型；第 11 行声明了实体“学生照片”（关于实体的声明将在第 3.4 节介绍）；第 12～14 行则分别声明了元素“教师”、“学生”和“班级”，其中“班级”为根元素。

边学边做

请使用引用内部 DTD 的方式创建符合例 3-6 要求的 XML 文档。

3.4 DTD 实体声明

在第 2.2.4 节中介绍了预定义实体引用“<”、“>”、“&”、“'”和“"”分别代表特殊字符“<”、“>”、“&”、“'”和“"”，但是仅仅使用这些预定义实体是远远不够的，因为每个 XML 文档都可以从许多不同的数据源或文件中提取所需要的数据和声明，此时就需要使用一个载体把提取出来的数据或文本片段装载到 XML 文档中，这个载体称为实体。实体是存储 XML 文档片段的条目，可通过 DTD 定义。本节将介绍实体的概念与分类及如何使用实体。

3.4.1 实体的概念与分类

XML 中的实体机制是一种可以节省大量时间的工具，也是将多种不同类型的数据插入 XML 文件中的方法。实体是包含了文档片段或部分文档内容的虚拟存储单元，用来存储 XML 声明、DTD、各种元素或其他形式的文本或二进制数据。在 XML 实例文档中通过实体名引用实体，XML 处理器或其他应用程序在分析实例文档时，就会使用实体的具体内容来代替文档中的实体名称，组成一个完整的文档。

实体有以下 3 种不同的分类方式。

（1）根据实体引用的位置可以分为通用实体和参数实体。通用实体只能用于 XML 文档中；而参数实体只能用于 DTD 文档中。

（2）根据实体与文档的关系可以分为内部实体和外部实体。内部实体所代表的内容和实体声明在同一个文档中；而外部实体所代表的内容在实体声明文档之外的文档中。

（3）根据实体本身的内容可以将实体分为解析实体和未解析实体。解析实体的内容都是可解析的 XML 文本、字符和数据等；未解析实体则是 XML 处理器不能直接解析的，比如图像、声音等二进制数据。

下面将按照第一种分类方式对实体的声明和引用进行介绍。

3.4.2 通用实体

通用实体可以分为内部通用实体和外部通用实体，本节将分别进行介绍。

1. 内部通用实体的定义和引用

内部通用实体的作用类似于编程语言中的宏替换。定义内部通用实体的语法为：

```
<!ENTITY 实体名称 "实体内容">
```

说明：

（1）“<!”表示实体定义的开始，ENTITY 为实体定义的关键字，该关键字必须大写，且“<!”与“ENTITY”之间不能有空格。

（2）“实体名称”为自定义的实体的名称，该名称要符合 XML 标记的命名规则。

（3）“实体内容”为用户要引用的具体内容。

例如：

```
<!ENTITY 评价 "该生学习努力，刻苦认真">
```

定义了内部通用实体“评价”，它所代表的内容为“该生学习努力，刻苦认真”。

定义了实体之后，需要在 XML 文档中引用。引用内部通用实体的语法为：

```
&实体名称;
```

注意：符号“&”和“;”都是半角字符，且“实体名称”与“&”及“;”之间均不能有空格。

例如：

```
<评语>&评价;</评语>
```

便引用了实体“评价”，XML 解析器解析后将得到如下结果：

```
<评语>该生学习努力，刻苦认真</评语>
```

2．外部通用实体的定义和引用

外部通用实体是存在于 XML 文档之外的独立的 XML 文档片段。定义外部通用实体的语法为：

```
<!ENTITY 实体名称 SYSTEM "URL">
```

说明：

（1）“<!”表示实体定义的开始，ENTITY 为实体定义的关键字，该关键字必须大写，且“<!”与“ENTITY”之间不能有空格。

（2）“实体名称”为自定义的实体的名称，该名称要符合 XML 标记的命名规则。

（3）SYSTEM 为定义外部通用实体的关键字，必须大写。

（4）“URL”为要引到该文件的 XML 文件的路径。

例如：

```
<!ENTITY address SYSTEM "address.txt">
```

定义了外部通用实体“address”，它所代表的内容来自文件 address.txt。

同内部通用实体一样，需要引用外部通用实体。引用外部通用实体的语法与引用内部通用实体的语法完全相同，这里不再赘述。

例如，按照如下方式引用外部通用实体“address”：

```
<地址>&address;</地址>
```

而 address.txt 文档中的内容为：

```
<街道>望海街 123 号</街道>
<城市>大连市</城市>
<省份>辽宁省</省份>
```

则 XML 解析器对该引用了外部通用实体的文档解析后会得到如下结果：

```
<地址>
<街道>望海街 123 号</街道>
<城市>大连市</城市>
```

```
    <省份>辽宁省</省份>
    </地址>
```

3.4.3 参数实体

同通用实体一样，参数实体也分为内部参数实体和外部参数实体，它们只能用于DTD文档中。

1. 内部参数实体

内部参数实体是指声明在DTD内部的参数实体。定义内部参数实体的语法为：

```
<!ENTITY % 实体名称 "实体内容">
```

说明：

(1) "<!" 表示实体定义的开始，ENTITY为实体定义的关键字，该关键字必须大写，且"<!"与"ENTITY"之间不能有空格。

(2) "%" 为定义参数实体的标记，不能省略，且"%"与"ENTITY"之间有空格。

(3) "实体名称" 为自定义的实体的名称，该名称要符合XML标记的命名规则。注意，"实体名称"与"%"之间有空格。

(4) "实体内容" 为用户要引用的具体内容。

例如：

```
<!ENTITY % 员工信息 "(姓名,性别)">
```

定义了一个内部参数实体"员工信息"。

定义了参数实体之后，需要在DTD文档中引用它。引用内部参数实体的语法为：

```
%实体名称;
```

有了内部参数实体"员工信息"之后，就可以在DTD中引用它以简化对元素的声明。例如：

```
<!ELEMENT 员工 %员工信息;>
```

则声明了元素"员工"，该元素有两个子元素"姓名"和"性别"。

2. 外部参数实体

外部参数实体是存在于DTD文档之外的独立的DTD文档片段。定义外部参数实体的语法如下：

```
<!ENTITY % 实体名称 SYSTEM "URL">
```

说明：

(1) "<!" 表示实体定义的开始，ENTITY为实体定义的关键字，该关键字必须大写，且"<!"与"ENTITY"之间不能有空格。

(2) "%" 为定义参数实体的标记，不能省略，且"%"与"ENTITY"之间有空格。

(3) "实体名称" 为自定义的实体的名称，该名称要符合XML标记的命名规则。注

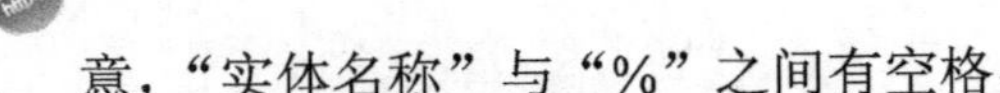

意，“实体名称”与“%”之间有空格。

（4）SYSTEM 为定义外部参数实体的关键字，该关键字必须大写。

（5）“URL”为要引用的其他 DTD 文件的路径。

引用外部参数实体的方法和引用内部参数实体的方法相同，这里就不再赘述。

例如，在某个 DTD 文件中存在如下语句：

```
<!ENTITY % address SYSTEM "address.dtd">
%address;
```

而 address.dtd 文件的内容如下：

```
<!ELEMENT 街道 (#PCDATA)>
<!ELEMENT 城市 (#PCDATA)>
<!ELEMENT 省份 (#PCDATA)>
```

则把“街道”、“城市”和“省份”元素的声明直接引入了该 DTD 文件中。

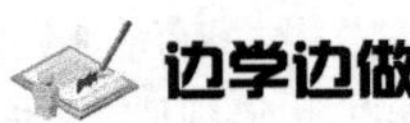

边学边做

请在上述 address.dtd 文件中使用内部参数实体来简化对元素类型的声明。

3.5 DTD 文件存在的问题

使用 DTD 可以对 XML 文档进行有效性验证，便于 XML 文档的共享，但 DTD 文件也存在一些不足，主要表现在以下几个方面。

（1）DTD 具有独立的语法，语法规则较为复杂。

（2）DTD 本身不是标记语言，不符合 XML 标准。

（3）DTD 中数据类型过于简单，已经远远不能满足实际需要。

（4）DTD 不支持命名空间。

（5）对元素出现次数的控制不够精确。

3.6 学生管理系统的 DTD 实例

学生管理系统.dtd：

```
<?xml version="1.0" encoding="GB2312"?>
<!ELEMENT 姓名 (#PCDATA)>
<!ELEMENT 性别 (#PCDATA)>
<!ELEMENT 年龄 (#PCDATA)>
<!ELEMENT 联系方式 (#PCDATA)>
<!ATTLIST 学生 学号 ID #REQUIRED>
```

```
<!ATTLIST 系别 名称 CDATA #REQUIRED>
<!ELEMENT 照片 EMPTY>
<!ATTLIST 照片 文件 ENTITY #REQUIRED>
<!ENTITY 学生照片 SYSTEM "stu.jpg">
<!ENTITY 评价 "该生学习努力，刻苦认真">
<!ELEMENT 评语 (#PCDATA)>
<!ENTITY % address SYSTEM "address.dtd">
<!ENTITY % 个人信息"(姓名,性别,年龄,联系方式*,%address;,照片,评语,)">
<!ELEMENT 学生 %个人信息;>
<!ELEMENT 系别 (学生)*>
<!ELEMENT 学生管理系统 (系别)*>
```

address.dtd：

```
<?xml version="1.0" encoding="GB2312"?>
<!ELEMENT 街道 (#PCDATA)>
<!ELEMENT 城市 (#PCDATA)>
<!ELEMENT 省份 (#PCDATA)>
<!ELEMENT 籍贯 (街道,城市,省份)>
```

边学边做

请问下述 XML 文档是否符合上述学生管理系统 DTD 文件的要求？若不符合，请说明原因。

```
<学生管理系统>
   <系别 名称="计算机系">
       <学生 学号="01">
           <姓名>王晶</姓名>
           <性别>女</性别>
           <年龄>18</年龄>
           <联系方式>15998585156</联系方式>
            <籍贯>
               <街道>望海街 12 号</街道>
               <城市>大连市</城市>
               <省份>辽宁省</省份>
             </籍贯>
           <照片 文件="学生照片"/>
           <评语>&评价;</评语>
      </学生>
      <学生 学号="_02">
           <姓名>张然</姓名>
```

```
            <性别>男</性别>
            <年龄>19</年龄>
            <联系方式>13599858515</联系方式>
             <籍贯>
                 <省份>辽宁省</省份>
                 <城市>大连市</城市>
                 <街道>望海街 12 号</街道>
             </籍贯>
            <照片 文件="学生照片"/>
            <评语>&评价;</评语>
       </学生>
    </系别>
    <系别 名称="经管系">
        <学生 学号="J01">
            <姓名>王贺</姓名>
            <性别>楠</性别>
            <年龄>18</年龄>
            <联系方式>13098585156</联系方式>
            <联系方式>13198585156</联系方式>
            <籍贯>
                <街道>望海街 12 号</街道>
                <城市>大连市</城市>
                <省份>辽宁省</省份>
           </籍贯>
           <照片 文件="stu.jpg"/>
           <评语>&评价;</评语>
       </学生>
       <学生 学号="j01">
            <姓名>张蒙</姓名>
            <性别>男</性别>
            <年龄>19</年龄>
            <籍贯>
                 <省份>辽宁省</省份>
                 <城市>大连市</城市>
                 <街道>望海街 12 号</街道>
             </籍贯>
            <照片 文件="学生照片"/>
            <评语>%评价;</评语>
       </学生>
    </系别>
</学生管理系统>
```

3.7 实验指导

【实验指导 3-1】 使用内部 DTD 编写动物园内动物信息的 XML 文档

1. 实验目的

（1）掌握内部 DTD 的语法结构。
（2）掌握引用内部 DTD 的方法。

2. 实验内容

按如下描述创建一个内部 DTD 文件，然后引用该内部 DTD 文件，为动物园的动物信息创建一个符合要求的 XML 文档。

（1）“动物园”为根元素，其包含“爬行类”、“两栖类”、“鸟类”、“哺乳类”和“鱼类”共 5 个子元素。

（2）每个子元素下都包含“动物”元素，该元素必须拥有一个属性“数量”。

3. 实验步骤

（1）同 1.5 节实验指导的步骤（1）～（4），打开 Altova XMLSpy 2010，创建一个新文档，进入 Altova XMLSpy 的文本窗口中，开始编写 XML 文档。

（2）将第 1 行“<?xml version="1.0" encoding="UTF-8"?>”中 encoding 属性的值修改为"GB2312"。

（3）输入如下文本：

```
<?xml version="1.0" encoding="GB2312"?>
<!DOCTYPE 动物园[
   <!ELEMENT 动物 (#PCDATA)>
   <!ELEMENT 爬行类 (动物+)>
   <!ELEMENT 两栖类 (动物+)>
   <!ELEMENT 鸟类 (动物+)>
   <!ELEMENT 哺乳类 (动物+)>
   <!ELEMENT 鱼类 (动物+)>
   <!ATTLIST 动物 数量 CDATA #REQUIRED>
   <!ELEMENT 动物园 (爬行类,两栖类,鸟类,哺乳类,鱼类)>
]>
<动物园>
   <爬行类>
       <动物 数量="5">扬子鳄</动物>
       <动物 数量="2">蟒</动物>
   </爬行类>
   <两栖类>
```

```
        <动物 数量="10">蜥蜴</动物>
    </两栖类>
    <鸟类>
        <动物 数量="25">布谷鸟</动物>
        <动物 数量="20">丹顶鹤</动物>
    </鸟类>
    <哺乳类>
        <动物 数量="15">猫</动物>
        <动物 数量="12">兔</动物>
    </哺乳类>
    <鱼类>
        <动物 数量="3">鲨鱼</动物>
        <动物 数量="20">鲤鱼</动物>
    </鱼类>
</动物园>
```

（3）输入完成后，选择“文件”→“保存”菜单命令，保存文档，文档名为“实验 3-1.xml”。

【实验指导 3-2】 结合已知外部 DTD 创建 XML 文档

1．实验目的

（1）掌握外部 DTD 的语法结构。
（2）掌握如何根据已知的外部 DTD 编写 XML 文档的方法。

2．实验内容

有一个 DTD 文件的内容如下，请分析并写出符合其定义要求的 XML 文档。

```
<?xml version="1.0" encoding="GB2312"?>
<!ELEMENT 商品目录 (商品)+>
<!ELEMENT 商品 (食品 | 百货)+>
<!ATTLIST 商品 编号 CDATA #REQUIRED>
<!ELEMENT 食品 (乳制品 | 熟食类)+>
<!ATTLIST 食品 编号 CDATA #REQUIRED>
<!ELEMENT 乳制品 (酸乳酪 | 奶油)+>
<!ATTLIST 乳制品 编号 CDATA #REQUIRED>
<!ELEMENT 酸乳酪 (品种, 数量, 价格)>
<!ATTLIST 酸乳酪 编号 CDATA #REQUIRED>
<!ELEMENT 奶油 (品种, 数量, 价格)>
<!ATTLIST 奶油 编号 CDATA #REQUIRED>
<!ELEMENT 熟食类 (品种, 数量, 价格)>
<!ATTLIST 熟食类 编号 CDATA #REQUIRED>
```

```
<!ELEMENT 百货 (个人清洁用品)>
<!ATTLIST 百货 编号 CDATA #REQUIRED>
<!ELEMENT 个人清洁用品 (品种, 数量, 价格)>
<!ATTLIST 个人清洁用品 编号 CDATA #REQUIRED>
<!ELEMENT 品种 (#PCDATA)>
<!ELEMENT 数量 (#PCDATA)>
<!ELEMENT 价格 (#PCDATA)>
```

3. 实验步骤

（1）阅读外部 DTD 文件，确定 XML 文档的结构。

（2）编写符合要求的 XML 文档。

```
<商品目录>
    <商品 编号="101">
        <食品 编号="102">
            <乳制品 编号="103">
                <酸乳酪 编号="104">
                    <品种>酸乳酪</品种>
                    <数量>16</数量>
                    <价格>5 元</价格>
                </酸乳酪>
                <奶油 编号="106">
                    <品种>鲜奶油</品种>
                    <数量>40</数量>
                    <价格>7 元</价格>
                </奶油>
                <奶油 编号="1072">
                    <品种>草莓味奶油</品种>
                    <数量>12</数量>
                    <价格>5 元</价格>
                </奶油>
            </乳制品>
            <熟食类 编号="105">
                <品种>猪蹄</品种>
                <数量>19</数量>
                <价格>10 元</价格>
            </熟食类>
        </食品>
        <百货 编号="109">
            <个人清洁用品 编号="107">
                <品种>洗面奶</品种>
```

```
            <数量>20</数量>
            <价格>12 元</价格>
        </个人清洁用品>
    </百货>
  </商品>
</商品目录>
```

3.8 习题

一、选择题

1．在 XML 文档中引用 DTD 的关键字为（　　）。

A．ELEMENT　　B．DOCTYPE　　C．ATTLIST　　D．ENTITY

2．引用外部私有 DTD 的关键字为（　　）。

A．PUBLIC　　B．DOCTYPE　　C．SYSTEM　　D．CDATA

3．希望子元素出现 0 或 1 次，应该怎样定义元素类型？（　　）

A．子元素?　　B．子元素+　　C．子元素　　D．子元素*

4．如果希望属性值为某些固定值之一，可将该属性定义为（　　）类型。

A．#PCDATA　　B．CDATA　　C．枚举　　D．NMTOKEN

5．如果希望属性的取值唯一，则该属性应定义为（　　）类型。

A．ID　　B．IDREF　　C．IDREFS　　D．ENTITY

6．属性用（　　）关键字来声明。

A．ATTLIST　　B．ELEMENT　　C．DOCTYPE　　D．ENTITY

7．元素指示符“+”表示元素可以出现的次数为（　　）。

A．>=1　　B．>=0　　C．0　　D．1

8．使用外部 DTD，在 XML 文档声明中 standalone 值为（　　）。

A．yes　　B．no　　C．0　　D．1

9．使用（　　）可以将一个 DTD 元素及属性声明嵌套在另一个 DTD 中。

A．内部参数实体　　B．外部参数实体

C．内部通用实体　　D．外部通用实体

10．在 XML 中，引用通用实体的时候，在实体名的前后分别写的符号为（　　）。

A．<　$　　B．%　;　　C．&　;　　D．&　&

11．假设<食品>元素的“肉类”属性能取的值包括“牛肉”、“猪肉”及“鸡肉”，且默认为“牛肉”。请问下面哪个 DTD 能实现“肉类”属性的声明？（　　）

A．<!ATTLIST 食品 肉类("牛肉"|"猪肉"|"鸡肉") "牛肉">

B．<!ATTLIST 食品 肉类 ENUMERATED("牛肉"|"猪肉"|"鸡肉") "牛肉">

C．<!ATTLIST 食品 肉类(牛肉,猪肉,鸡肉) "牛肉">

D．<!ATTLIST 食品 肉类(牛肉|猪肉|鸡肉) "牛肉">

12．在 DTD 中用 ATTLIST 定义一个在 XML 文档中必须赋值的属性时，需要使用

以下哪个关键字？（　　）

A．#REQUIRED　　　　　　B．#IMPLIED

C．#DOCTYPE　　　　　　D．#FIXED

二、填空题

1．定义元素的关键字为________，定义属性的关键字为________，定义实体的关键字为________。

2．为“学生”元素定义属性“联系方式”，由于有的学生有手机，有的学生没有，所以该属性应定义为________默认值类型。

3．如果希望属性值从已有的 ID 属性值中选择一个，那么这个属性的类型为________。

4．根据实体与文档的关系可分为________和________。

5．引用外部通用实体的方法为________。

三、编程题

现有如下的 DTD 定义：

```
<!ELEMENT 联系人 (姓名,(电话|EMAIL))>
<!ELEMENT 姓名 (#PCDATA)>
<!ELEMENT 电话 (#PCDATA)>
<!ELEMENT EMAIL (#PCDATA)>
```

请根据这个 DTD 的定义，写出一个有效的 XML 实例文档。

第 4 章 命名空间和 XML Schema

在第 3 章介绍了如何使用 DTD 来验证 XML 文档，但在许多情况下，利用 DTD 对 XML 文档进行约束和规范还是有所限制的，为此，W3C 组织推出了旨在改善 DTD 的 XML Schema。由于 XML Schema 的机制完全支持 XML 语法，且易于学习和使用，所以刚一推出便受到了用户欢迎。另外，XML Schema 解决了 DTD 扩展性差的问题，支持命名空间，这使得 Schema 更能满足现代应用的需要。本章将先对命名空间作简单的介绍，然后对 XML Schema 这一热门技术展开详细的讨论。

4.1 命名空间

命名空间是由零个或多个名称所组成的集合。在命名空间中，每一个名称都是唯一的，并且是按照命名空间的规则来构建的。

4.1.1 命名空间简介

XML 技术在各个领域的应用随着时间的推移制定了各自独特的标准，针对不同的应用领域需要制定出不同的 DTD，随之符合不同领域标准的 XML 实例文档便如雨后春笋般不断涌现出来。由于 XML 具有可扩展性的特点，所以随着应用的不断深入，便会产生这样一种需求，即在一个 XML 文档中包含由多个 DTD 描述的元素，而这多个 DTD 中定义的元素就会不可避免地出现“同名”的现象，但这些同名的元素又具有各自不同的含义，这将导致在同一个 XML 实例文档中出现元素名称冲突的问题。为了解决这个问题，W3C 的 XML 小组制定了称为“命名空间”的标准。

4.1.2 命名空间的使用

【例 4-1】存在名称冲突的 XML 文档。

```
1  <?xml version="1.0" encoding="GB2312"?>
2  <员工列表>
3      <员工>
4           <姓名>李静</姓名>
5           <性别>女</性别>
6           <联系方式>15998585123</联系方式>
7      </员工>
8      <员工>
9           <姓名>李哲</姓名>
10          <性别>男</性别>
11          <联系方式>
12              <固定电话>041187664532</固定电话>
13              <移动电话>13998585123</移动电话>
14          </联系方式>
15     </员工>
16   </员工列表>
```

在上述 XML 文档中，可以看到第 1 个员工和第 2 个员工都有“联系方式”这个元素，但这个元素的结构却是完全不同的。第 6 行的元素“联系方式”的内容是纯文本类型，第 11～14 行的元素“联系方式”的内容则不是纯文本类型，而是包含两个子元素“固定电话”和“移动电话”。也就是说，元素的名称虽然相同，但它们的内容结构却完全不同，对于这样的元素，DTD 在验证文档时就不知道该如何解析了。

边学边做

请分别写出上述两个“联系方式”元素所对应的 DTD 片段。

针对上述问题，可以使用“命名空间”来解决。具体地说，命名空间提供元素或属性更进一步的辨识信息，以解决元素名称重复的问题。命名空间使用前缀法以避免名称冲突，即在元素或属性原有名字的前面加上不同的前缀，使元素或属性隶属于不同的空间。使用命名空间后，元素或属性的完整名称为

```
<命名空间前缀:标记名称>
```

其中“命名空间前缀”与“标记名称”之间用“:”分隔。

【例 4-2】使用命名空间解决名称冲突的 XML 文档。

```
<a:员工列表>
    <a:员工>
        <a:姓名>李静</a:姓名>
        <a:性别>女</ a:性别>
        <a:联系方式>15998585123</a:联系方式>
    </a:员工>
    <a:员工>
        <a:姓名>李哲</a:姓名>
        <a:性别>男</a:性别>
        <b:联系方式>
            <b:固定电话>041187664532</b:固定电话>
            <b:移动电话>13998585123</b:移动电话>
        </b:联系方式>
    </a:员工>
</a:员工列表>
```

上述 XML 文档通过在标记名称前加一个前缀“a:”或“b:”解决了例 4-1 中出现的名称冲突问题，但仅仅通过添加一个简单的前缀“a:”或“b:”依然不能完全解决名称冲突问题，所以 W3C 组织规定：在 XML 文档中，命名空间前缀使用统一资源标识符（Uniform Resource Identifier，URI）来表示。这样，由于 URI 使用网络域名的形式表示，而网络域名在全世界都是唯一的，所以使用 URI 表示命名空间的前缀就可以保证其唯一性。也就是说，使用统一资源标识符作为命名空间的前缀就可以真正地解决名称冲突的问题了。

【例 4-3】使用 URI 形式的前缀解决名称冲突的 XML 文档。

```
<http://www.ab.com:员工列表>
    <http://www.ab.com:员工>
        <http://www.ab.com:姓名>李静</http://www.ab.com:姓名>
        <http://www.ab.com:性别>女</http://www.ab.com:性别>
        <http://www.ab.com:联系方式>15998585123</http://www.ab.com:联系方式>
    </http://www.ab.com:员工>
    <http://www.ab.com:员工>
        <http://www.ab.com:姓名>李哲</http://www.ab.com:姓名>
        <http://www.ab.com:性别>男</http://www.ab.com:性别>
        <http://www.cd.com:联系方式>
        <http://www.cd.com:固定电话>041187664532</http://www.cd.com:固定电话>
        <http://www.cd.com:移动电话>13998585123</http://www.cd.com: 移动电话>
```

```
        </http://www.cd.com:联系方式>
    </http://www.ab.com:员工>
</http://www.ab.com:员工列表>
```

上述 XML 文档中的所有前缀均使用 URI 形式来表示，但这种表示方式难免有些啰嗦。W3C 规定，命名空间的语法为将前缀与一个可以用做命名空间的 URI 进行关联，即将 URI 地址声明给某个变量，在 XML 文档中就可以通过这个变量作为前缀，从而间接地使用 URI 作为前缀。

【例 4-4】将 URI 与某个前缀关联的 XML 文档。

```
1  <ab:员工列表 xmlns:ab=" http://www.ab.com " xmlns:cd=" http://www.cd.com ">
2      <ab:员工>
3          <ab:姓名>李静</ab:姓名>
4          <ab:性别>女</ab:性别>
5          <ab:联系方式>15998585123</ab:联系方式>
6      </ab:员工>
7      <ab:员工>
8          <ab:姓名>李哲</ab:姓名>
9          <ab:性别>男</ab:性别>
10         <cd:联系方式>
11             <cd:固定电话>041187664532</cd:固定电话>
12             <cd:移动电话>13998585123</cd:移动电话>
13         </cd:联系方式>
14     </ab:员工>
15 </ab:员工列表>
```

在上述文档中，第 1 行中通过“xmlns:ab=" http://www.ab.com "”将“http://www.ab.com”与“ab”前缀关联起来，这样，在标记中使用前缀“ab”就相当于间接使用“http://www.ab.com”，这样做既可避免不同前缀名冲突，又可简化前缀名的书写。在 XML 中，将一个前缀与某个可用做命名空间的 URI 关联的语法为

```
xmlns:前缀="命名空间的 URI "
```

其中，xmlns 为关键字。

XML 中命名空间不仅仅可以作用于元素，也可以作用于属性。

【例 4-5】命名空间作用于属性。

```
<ab:员工列表 xmlns:ab=" http://www.ab.com " xmlns:cd=" http://www.cd.com ">
    <ab:员工>
        <ab:姓名>李静</ab:姓名>
        <ab:性别>女</ab:性别>
        <ab:联系方式 方式="移动电话">15998585123</ab:联系方式>
```

```
6      </ab:员工>
7      <ab:员工>
8           <ab:姓名>李哲</ ab:姓名>
9           <ab:性别>男</ ab:性别>
10          <cd:联系方式 方式="移动电话 固定电话">
11              <cd:固定电话>041187664532</cd:固定电话>
12              <cd:移动电话>13998585123</cd:移动电话>
13          </cd:联系方式>
14      </ab:员工>
15    </ab:员工列表>
```

在上述文档中，第 5 行中的属性“方式”属于它的元素“联系方式”的命名空间“ab”，第 10 行中的属性“方式”属于它的元素“联系方式”的命名空间“cd”。也就是说，除非带有前缀，否则属性属于它们元素的命名空间。

边学边做

请分别写出下述属性的命名空间。

① <employee:姓名 employee:类型="职工姓名">张小迪</employee:姓名>

② <customer:性别 customer:类型="职工性别">女</customer:性别>

4.2 XML Schema

DTD 历史悠久，XML 从 SGML 那里继承了文档类型定义 DTD。DTD 提供了对 XML 文档有效性验证的一种机制，从其应用上来说是基本适用的。但随着技术的进步，特别是在 XML 中引入了命名空间之后，用 DTD 进行有效性验证就显得非常困难了，为了提供一套能跟上时代脚步的 XML 有效性验证机制，W3C 推出了 XML Schema。

4.2.1 XML Schema 概述

XML Schema 本身是一个 XML 文档，符合 XML 的语法规范，可使用通用的 XML 解析器对其进行解析。XML Schema 最初是由微软提出的，由 W3C 接受并审查。W3C 也于 1998 年开始制定了 XML Schema，经过多年的改进与完善，于 2001 年正式确定 XML Schema 的第一个版本，从此，XML Schema 规范正式成为 W3C 官方推荐的标准。

XML Schema 语言也被称为 XML Schema Definition（XSD），它的作用同 DTD 一样，用于对 XML 文档进行约束，确定 XML 文档的结构、元素及属性的名称和类型等。

4.2.2 XML Schema 特点

XML Schema 提供对 XML 文档的结构和内容进行约束的一种机制，以验证格式良好的 XML 文档的有效性。因此，从功能上说，XML Schema 与 DTD 的作用相似，都是作为验证 XML 文档之用，但 XML Schema 也具有自己的特点，主要表现在以下几个方面。

（1）XML Schema 使用 XML 语法，可以使用通用的 XML 解析器进行解析，这样就不会给掌握和使用 XML Schema 的用户带来额外的负担，便于人们学习和使用。

（2）XML Schema 支持丰富的数据类型，如整型、布尔型、日期型等，除此之外，还可以非常方便地建立其他复杂的数据类型，以确保人们使用数据之需要。

（3）XML Schema 支持命名空间，可以在一个 Schema 文件里引用其他 Schema 文件或在相同的文档中参考多种 Schema，使 XML 文档具有更强的可扩展性。

4.2.3 XML Schema 基本结构

【例 4-6】简单的 XML Schema 文件。

```
<?xml version="1.0" encoding="GB2312"?>
<xs:schema xmlns:xs="http://www.w3.org/2001/XMLSchema">
 <xs:element name="教师列表">
    <xs:complexType>
        <xs:sequence maxOccurs="unbounded">
            <xs:element name="教师" type="教师信息"/>
        </xs:sequence>
    </xs:complexType>
 </xs:element>
 <xs:complexType name="教师信息">
    <xs:sequence>
        <xs:element name="姓名" type="xs:string"/>
        <xs:element name="性别">
            <xs:simpleType>
                <xs:restriction base="xs:string">
                    <xs:enumeration value="男"/>
                    <xs:enumeration value="女"/>
                </xs:restriction>
            </xs:simpleType>
        </xs:element>
        <xs:element name="系部" type="xs:string"/>
        <xs:element name="联系电话" type="xs:string"/>
        <xs:element ref="配偶"/>
    </xs:sequence>
    <xs:attribute name="编号" type="xs:string"/>
 </xs:complexType>
 <xs:element name="配偶">
    <xs:complexType>
        <xs:choice>
```

```
30              <xs:element name="丈夫" type="配偶信息"/>
31              <xs:element name="妻子" type="配偶信息"/>
32          </xs:choice>
33      </xs:complexType>
34 </xs:element>
35 <xs:complexType name="配偶信息">
36     <xs:sequence>
37         <xs:element name="姓名" type="xs:string"/>
38         <xs:element name="联系电话" type="xs:string" minOccurs="0" maxOccurs="unbounded"/>
39     </xs:sequence>
40 </xs:complexType>
41 </xs:schema>
```

边做边想

① 将第 2 行“xmlns:xs="http://www.w3.org/2001/XMLSchema"”中的“xs”改成“xsd”是否可以？若可以，整个文档还需要作何改动？

② 试将第 6 行“<xs:element name="教师" type="教师信息"/>”中属性 type 的值改成“教师”，同时将第 10 行“<xs:complexType name="教师信息">”中属性 type 的值也改为“教师”，编译程序是否出现错误？若仅仅修改第 6 行中的属性 type，是否会出现错误呢？

③ 试将第 23 行“<xs:element ref="配偶"/>”中属性 ref 的值改成“爱人”，同时将第 27 行“<xs:element name="配偶">”中属性 name 的值也改为“爱人”，编译程序是否出现错误？若仅仅修改第 23 行中的属性 ref，是否会出现错误？

④ 试将第 30、31 两行中的属性 type 的值改成“爱人信息”，同时将第 35 行“<xs:complexType name="配偶信息">”中属性 name 的值也改为“爱人信息”，编译程序是否出现错误？若仅仅修改第 30、31 两行中的属性 type，是否会出现错误？

例 4-6 就是一个简单的 XML Schema 文件，它的扩展名是.xsd。创建该文件的步骤如下。

（1）在 Altova XMLSpy 2010 中，选择“文件”→“新建”菜单命令，弹出“创建新文档”对话框，选择“xsd W3C XML Schema”一项，单击“确定”按钮，进入如图 4-1 所示的“Schema”窗口。

（2）单击“文本”标签，进入代码编辑窗口，输入例 4-6 的代码。

（3）选择“文件”→“保存”菜单命令，保存文档，文档名为“例 4-6.xsd”。

创建完 Schema 文件之后，接下来分析该 Schema 文档的结构。由于 Schema 文档本身是一个 XML 文档，所以 XML Schema 的声明语句与 XML 的声明语句一样，即例 4-6 的第 1 行代码。Schema 文档的第 2 部分就是创建根元素及声明命名空间，Schema 文档的根元素是 schema，W3C 规定 XML Schema 文档的命名空间是

"http://www.w3.org/2001/XMLSchema"，通常使用命名空间前缀"xs"来代表该命名空间，例 4-6 中第 2 行代码"xmlns:xs=http://www.w3.org/2001/XMLSchema"即声明了命名空间，并为该命名空间声明了前缀"xs"。Schema 文档的第 3 部分就是元素和属性的声明，即例 4-6 中第 3～40 行代码。第 3～9 行声明了元素"教师列表"，该元素为 XML 实例文档的根元素，其中第 6 行声明了元素"教师"，其数据类型为第 10～26 行所创建的"教师信息"类型；第 23 行声明的元素引自第 27～34 行声明的元素"配偶"；第 30、31 行声明的元素"丈夫"、"妻子"的数据类型"配偶信息"则在第 35～40 行声明。

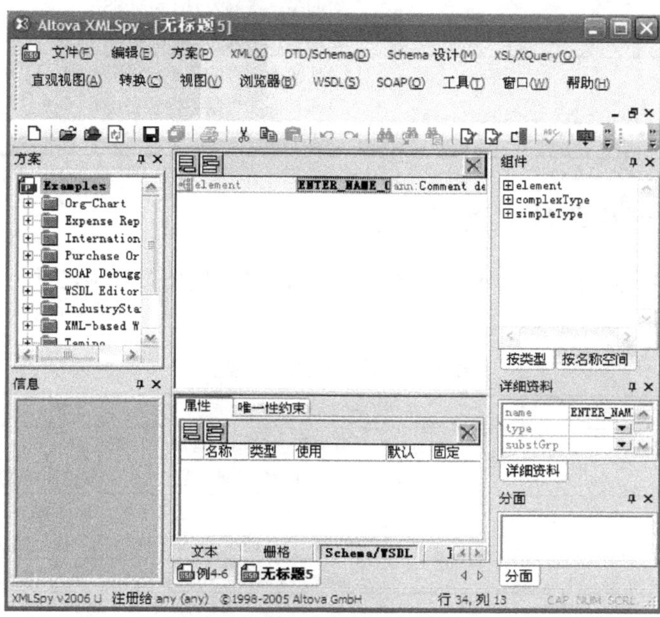

图 4-1　"Schema"窗口

4.3　XML Schema 数据类型

XML Schema 的最大特点就是其支持丰富的数据类型，可将 XML Schema 的数据类型分为 3 大类：基本数据类型、内置派生的数据类型和自定义数据类型。

4.3.1　基本数据类型

XML Schema 提供的基本数据类型如表 4-1 所示。

表 4-1　基本数据类型表

数 据 类 型	说　明
string	任意长度的字符串
boolean	布尔型，真值为 True 或 1，　假值为 False 或 0
float	单精度 32 位浮点数
double	双精度 64 位浮点数
integer	十进制的整型

续表

数据类型	说明
decimal	任意精度的十进制数
duration	持续的日期/时间数据，格式为 PYYMMDDTHHMMSS，其中，P 为打头字符，YY 表示年，MM 表示月，DD 表示日，T 为分隔年月日和时分秒的字符，HH 表示时，MM 表示分，SS 表示秒
dateTime	日期时间型，格式为 YYYY-MM-DD hh:mm:ss
time	时间型，格式为 HH:MM:SS
date	日期型，格式为 YYYY-MM-DD
hexBinary	使用十六进制表示二进制数据，包括图形文件、可执行程序或其他二进制数据的字符串
anyURI	URL 网址

4.3.2 内置派生的数据类型

Schema 中，可从表 4-1 所示的基本数据类型中派生出如表 4-2 所示的内置派生的数据类型。

表 4-2 内置派生的数据类型表

数据类型	说明
normalizedString	规格化字符串数据类型，派生自 string 类型，包含字符，但 XML 处理器会移除换行符、回车符和制表符
token	源自 string 类型，包含字符，但 XML 处理器会移除换行符、回车符、制表符、开头和结尾的空格及连续的空格
language	由 token 派生，表示合法的 xml:lang 属性值，如 EN、ZH 等
NMTOKEN	由 token 派生，与 DTD 中含义相同
NMTOKENS	源自 NMTOKEN，与 DTD 中含义相同
Name	由 token 派生，指定 XML 文档名称字符串
NCName	源自 Name，指定 XML 文档中不含命名空间前缀的名称字符串
ID	由 NCName 派生，与 DTD 中含义相同
IDREF	源自 NCName，与 DTD 中含义相同
IDREFS	由 IDREF 派生，与 DTD 中含义相同
ENTITY	源自 NCName，与 DTD 中含义相同
ENTITIES	由 ENTITY 派生，与 DTD 中含义相同
nonPositiveInteger	源自 integer，表示小于或等于零的整数
nonNegativeInteger	源自 integer，表示大于或等于零的整数
long	源自 integer，表示长整数
negativeInteger	源自 nonPositiveInteger，表示小于零的整数
positiveInteger	源自 nonNegativeInteger，表示大于零的整数
unsignedLong	源自 nonNegativeInteger，表示无符号长整数
int	由 long 派生，表示 32 位带符号整数
short	由 int 派生，表示 16 位带符号整数
unsignedInt	由 unsignedLong 派生，表示 32 位非负整数
byte	源自 short，表示 8 位带符号整数
unsignedShort	源自 unsignedInt，表示 16 位非负数字
unsignedByte	源自 unsignedShort，表示 8 位非负数字

4.3.3 自定义数据类型

除了上述基本数据类型和内置派生的数据类型之外，XML Schema 还可自定义数据类型。在 XML Schema 中，可使用 simpleType 元素自定义符合用户要求的数据类型，其语法为

```
<xs:simpleType name="自定义数据类型名">
    <xs:restriction base="数据类型">
        …
    </xs:restriction>
</xs:simpleType>
```

说明：

（1）元素 simpleType 的 name 属性表示用户自定义的数据类型名称。

（2）元素 restriction 用来定义用户自定义的数据类型，其中，base 属性指明用户自定义数据类型派生于哪一种基本数据类型，其来源是表 4-1 中的基本数据类型，"…"部分则用于描述自定义数据类型的细节，诸如长度、取值范围、枚举值等限制，描述时可以使用的元素如表 4-3 所示。

表 4-3　描述自定义数据类型细节的元素表

元　　素	说　　明
minInclusive	内容的最小取值，且包含此值
maxInclusive	内容的最大取值，且包含此值
minExclusive	内容的最小取值，不含此值
maxExclusive	内容的最大取值，不含此值
length	元素内容的长度
minLength	元素内容的最小长度
maxLength	元素内容的最大长度
list	允许用户输入多个数据，数据间用空白间隔
pattern	正规语法定义数据的组合类型
enumeration	枚举列表，元素内容从此列表内容中选择其一
union	元素内可包含多种不同类型数据，但同时只能包含一种
totalDigits	最大数字的位数

表 4-3 中的元素除"list"、"union"之外，都需嵌套在 restriction 元素内，且都有 value 属性，通过为 value 属性赋值，可具体指明数据的取值范围或长度等具体细节的限制。

例如，例 4-6 中第 13～19 行代码：

```
13        <xs:element name="性别">
14            <xs:simpleType>
15                <xs:restriction base="xs:string">
16                    <xs:enumeration value="男"/>
17                    <xs:enumeration value="女"/>
18                </xs:restriction>
19            </xs:simpleType>
```

```
        </xs:element>
```

就为元素“性别”自定义了一个数据类型，该元素的取值只能是“男”或“女”。

边学边做

请创建符合上述 Schema 要求的元素“性别”。

【例 4-7】创建自定义数据类型，该数据类型为长度介于 5～8 位的字符串。

```
<xs:element name="password">
      <xs:simpleType>
        <xs:restriction base="xs:string">
          <xs:minLength value="5"/>
          <xs:maxLength value="8"/>
        </xs:restriction>
      </xs:simpleType>
</xs:element>
```

边学边做

请创建出符合上述 Schema 要求的元素“password”。

【例 4-8】创建自定义数据类型，该数据类型为只由字符 a～z 构成的字符串。

```
<xs:element name="letter">
      <xs:simpleType>
        <xs:restriction base="xs:string">
          <xs:pattern value="[a-z]"/>
        </xs:restriction>
      </xs:simpleType>
</xs:element>
```

边学边做

试问符合上述 Schema 要求的元素“letter”的是哪一个？

① <letter>How are you</letter>

② <letter>CHINA</letter>

③ <letter>china</letter>

④ <letter>china23</letter>

【例 4-9】创建自定义数据类型，该数据类型为取值范围介于 0～120 的整数。

```
<xs:element name="age">
      <xs:simpleType>
        <xs:restriction base="xs:integer">
          <xs:minInclusive value="0"/>
          <xs:maxInclusive value="120"/>
        </xs:restriction>
      </xs:simpleType>
</xs:element>
```

边学边做

请创建出符合上述 Schema 要求的元素“age”。

【例 4-10】创建自定义数据类型，该数据类型为由空格间隔的多个日期的组合。

```
<xs:element name="日期">
      <xs:simpleType>
        <xs:list itemType="xs:date"/>
      </xs:simpleType>
</xs:element>
```

边学边做

（1）试问符合上述 Schema 要求的元素“日期”的是哪一个？

① <日期>1988-10-12</日期>

② <日期>1988-12-12,1988-12-31</日期>

③ <日期>1990-01-12 1992-08-15</日期>

（2）依据“IDREF”与“IDREFS”之间的关系，试用 list 元素创建 IDREFS 类型的定义。

【例 4-11】创建自定义数据类型，该数据类型为两个自定义数据类型的组合。

```
<xs:element name="性别">
   <xs:simpleType>
      <xs:union>
         <xs:simpleType>
            <xs:restriction base="xs:integer">
               <xs:enumeration value="0"/>
               <xs:enumeration value="1"/>
            </xs:restriction>
         </xs:simpleType>
         <xs:simpleType>
```

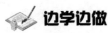

```
                <xs:restriction base="xs:string">
                    <xs:enumeration value="男"/>
                    <xs:enumeration value="女"/>
                </xs:restriction>
            </xs:simpleType>
        </xs:union>
    </xs:simpleType>
</xs:element>
```

试问符合上述 Schema 要求的元素“性别”的是哪一个？

① <性别>男</性别>

② <性别>0</性别>

③ <性别>女</性别>

④ <性别>1</性别>

在上述例子中，使用 simpleType 元素自定义数据类型时，都没有指定其 name 属性，这是因为把 simpleType 元素直接放在<xs:element name="...">中。也就是说，作为要声明元素的子元素时，simpleType 元素无须指定其 name 属性，此时创建的自定义数据类型只能由该元素独自使用，而不能被其他元素所使用。为了提高共享性，可以为 simpleType 元素指定其 name 属性，哪个元素若要声明为此类型，则只要为该元素的 type 属性取该值就可以了。例如，例 4-10 可以修改为

```
<xs:element name="日期" type="日期"/>
<xs:simpleType name="日期">
        <xs:list itemType="xs:date"/>
</xs:simpleType>
```

这样，自定义数据类型“日期”就可以被其他元素共享了。

如果 simpleType 元素是 Schema 元素的子元素，必须使用其 name 属性，否则，不允许使用该属性。

边学边做

（1）试问以下代码是否正确？为什么？

```
<xs:element name="日期" type="日期">
<xs:simpleType name="日期">
<xs:list itemType="xs:date"/>
```

```
</xs:simpleType>
</xs:element>
```

（2）试将例 4-7、例 4-8、例 4-9、例 4-11 中自定义数据类型进行修改，以便让其可以被其他元素所共享。

4.4 XML Schema 元素声明

XML Schema 同 DTD 一样，可以定义 XML 文档中的元素，在前面的例子中已简单应用过，比如，元素“性别”、“日期”及“姓名”等。本节将详细讨论 XML Schema 元素的声明方法。

4.4.1 简单类型元素的声明

简单类型元素指的是元素既没有子元素，又没有属性。简单类型元素声明的语法格式为

```
<xs:element name="元素名称" type="数据类型" minOccurs="最少发生的次数" maxOccurs="最多发生的次数" default="默认值" fixed="固定值" ref="参考已定义的元素">
```

说明：

（1）使用 element 元素声明元素，其 name 属性指明要声明的 XML 元素的名称。

（2）type 属性指明该 XML 元素的数据类型，其值可以为表 4-1 和表 4-2 中的数据类型，也可以为由 simpleType 或 complexType 元素所声明的自定义数据类型。其中，使用 complexType 元素声明的自定义数据类型将在第 4.4.2 节中介绍。

（3）minOccurs 属性指明在 XML 实例文档中元素最少出现的次数，其最小值为 0，默认值为 1。

（4）maxOccurs 属性指明在 XML 实例文档中元素最多出现的次数，其最小值为 1，最大值为 unbounded（表示无限多次），默认值为 1。

（5）default 属性指明元素的默认值，fixed 属性指明元素的固定值。值得注意的是，default 属性与 fixed 属性不能同时存在。

（6）ref 属性指明元素参考已定义的元素。

例如，在例 4-6 中，第 12 行代码：

```
<xs:element name="姓名" type="xs:string"/>
```

声明了元素“姓名”，该元素的数据类型为字符串类型。第 22 行代码：

```
<xs:element name="联系电话" type="xs:string"/>
```

声明了元素“联系电话”，其数据类型为字符串类型。

边学边做

（1）试写出与“<xs:element name="联系电话" type="xs:string"/>”相当的 DTD。

（2）请问例 4-6 中第 12 行和第 22 行代码所声明的元素“姓名”和“联系方式”，其 minOccurs 和 maxOccurs 的值分别是多少？

（3）假设：

```
<xs:element  name=" 联 系 电 话 "  type="xs:string"  maxOccurs="3"
minOccurs="2"/>
```

请问以下“联系电话”元素符合要求的是哪个？

① <联系电话>123456</联系电话>

② <联系电话>123456</联系电话>
<联系电话>123457</联系电话>

③ <联系电话>12345</联系电话>
<联系电话>123456</联系电话>
<联系电话>123457</联系电话>
<联系电话>123458</联系电话>

【例 4-12】声明元素“身份证”。

```
<xs:element name="身份证" type="IDCard"/>
<xs:simpleType name="IDCard">
        <xs:restriction base="xs:string">
      <xs:pattern value="[0-9] [0-9] [0-9] [0-9] [0-9] [0-9] [0-9]
[0-9] [0-9] [0-9] [0-9] [0-9] [0-9] [0-9] [0-9]"/>
    </xs:restriction>
</xs:simpleType>
```

上述例子中，通过为 element 元素指定“type”属性，表明声明的元素“身份证”的类型为自定义的数据类型“IDCard”，该数据类型为由 15 位 0～9 的数字组成的字符串。

边学边做

请创建出符合例 4-12 要求的元素“身份证”。

【例 4-13】声明“兴趣爱好”简单元素。

```
<xs:element ref="兴趣爱好"/>
<xs:element name="兴趣爱好">
<xs:simpleType>
      <xs:list itemType="xs:string"/>
</xs:simpleType>
```

```
6 </xs:element>
```

上述例子中，第 1 行声明语句指明该元素参考已经定义好的元素“兴趣爱好”，即第 2～6 行代码。

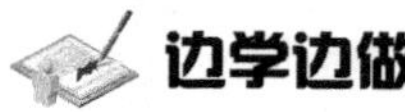

边学边做

请创建出符合例 4-13 要求的元素“兴趣爱好”。

4.4.2 复杂类型元素的声明

复杂类型元素主要指拥有子元素或属性的元素，这类元素需要使用 complexType 元素声明其子元素的名称和数据类型，使用 attribute 元素声明其属性（attribute 元素的使用将在第 4.5 节中进行介绍）。值得说明的是，复杂类型元素并非说明其数据类型特殊，其数据类型依然是由用户自行定义、组合以创建的数据类型。

复杂类型元素声明的语法如下：

```
<xs:element name="元素名称">
    <xs:complexType>
      <xs:sequence>
        <xs:element name="子元素 1 名称" type="数据类型"/>
        <xs:element name="子元素 2 名称" type="数据类型"/>
        ……
      </xs:sequence>
    </xs:complexType>
</xs:element>
```

说明：

（1）元素 element 的 name 属性指明要声明的复杂类型元素的名称，其子元素 complexType 指明 element 所声明的元素的数据类型。

（2）元素 sequence 是 complexType 元素的子元素，用于声明在 XML 实例文档中作为声明的复杂类型元素的子元素的出现顺序，其子元素的名称及数据类型通过元素 sequence 的子元素 element 的 name 和 type 属性声明。

例如，例 4-6 中第 3～9 行代码：

```
3 <xs:element name="教师列表">
4     <xs:complexType>
5         <xs:sequence maxOccurs="unbounded">
6             <xs:element name="教师" type="教师信息"/>
7         </xs:sequence>
8     </xs:complexType>
9 </xs:element>
```

声明了元素“教师列表”，该元素包含 1～n 个子元素“教师”。

与 simpleType 元素有些类似，以上代码也可以改写为

```
<xs:element name="教师列表" type="教师列表信息"/>
  <xs:complexType name="教师列表信息" >
      <xs:sequence maxOccurs="unbounded">
          <xs:element name="教师" type="教师信息"/>
      </xs:sequence>
  </xs:complexType>
```

提示

当 complexType 元素嵌到 element 元素内部时，其 name 属性可以省略，否则，该属性必须出现。

边学边做

存在如下 DTD，请创建出与此相当的 Schema，并创建符合要求的 XML 文档片段。

```
<!ELEMENT ISBN (#PCDATA)>
<!ELEMENT title (#PCDATA)>
<!ELEMENT author (#PCDATA)>
<!ELEMENT book (ISBN,title,author)>
```

以上声明复杂类型元素是在 complexType 元素中使用 sequence 子元素以定义 XML 元素的出现顺序。实际上，为使所定义的 XML 文档结构更加灵活、适应性更强，在 complexType 元素中还可以使用另外一些子元素来定义 XML 元素，所有可用的子元素如表 4-4 所示。

表 4-4　复杂类型元素的子元素列表

子　元　素	说　明
all	定义 XML 所有子元素可以任何顺序出现
sequence	定义 XML 子元素只能按照规定的顺序出现
choice	定义 XML 子元素只能选择其中之一
group	将子元素分组，使它们更有条理
simpleContent	没有 XML 子元素，只有数据内容和属性
complexContent	只有 XML 子元素和属性，没有数据内容

【例 4-14】在 complexType 元素中使用 all 子元素。

```
<xs:element name="图书">
      <xs:complexType>
          <xs:all>
              <xs:element name="书名" type="xs:string"/>
              <xs:element name="作者" type="xs:string"/>
```

```
            <xs:element name="出版社" type="xs:string"/>
        </xs:all>
    </xs:complexType>
</xs:element>
```

在上述例子中，声明了元素“图书”，其类型为复杂类型，在该复杂类型中使用 all 元素声明了 3 个子元素“书名”、“作者”和“出版社”。这表明，在 XML 实例文档中，子元素“书名”、“作者”和“出版社”都必须出现且只能出现一次，但它们出现的先后顺序没有限制。

边学边做

请创建出符合例 4-14 要求的 XML 实例文档片段。

【例 4-15】在 complexType 元素中使用 choice 子元素。

```
 <xs:element name="图书">
        <xs:complexType>
            <xs:choice>
                <xs:element name="科技类" type="xs:string"/>
                <xs:element name="少儿类" type="xs:string"/>
                <xs:element name="社科类" type="xs:string"/>
            </xs:choice>
        </xs:complexType>
    </xs:element>
```

在上述例子中，声明了元素“图书”，其类型为复杂类型，在该复杂类型中使用 choice 元素声明了 3 个子元素“科技类”、“少儿类”和“社科类”。这表明，在 XML 实例文档中，元素“图书”只能从“科技类”、“少儿类”或“社科类”中选择其中之一作为其子元素。

边学边做

试问以下“图书”元素是否符合例 4-15 的要求？

① <图书>
    <科技类>宇宙奥妙</科技类>
    <少儿类>少年</少儿类>
  </图书>

② <图书>
    <社科类>100 个生活常识</社科类>
    <少儿类>少年</少儿类>
  </图书>

③ <图书>
    <社科类>100 个生活常识</社科类>

<科技类>宇宙奥妙</科技类>
</图书>
④ <图书>
<社科类>100 个生活常识</社科类>
</图书>
⑤ <图书>
<少儿类>少年</少儿类>
</图书>
⑥ <图书>
<科技类>宇宙奥妙</科技类>
</图书>

【例 4-16】在 complexType 元素中使用 group 子元素。

```
    <xs:group name="图书分类">
<xs:element name="科技类" type="xs:string"/>
        <xs:element name="少儿类" type="xs:string"/>
     <xs:element name="社科类" type="xs:string"/>
</xs:group>
<xs:element name="图书">
     <xs:complexType>
        <xs:sequence>
           <xs:group ref="图书分类"/>
        </xs:sequence>
     </xs:complexType>
   </xs:element>
```

在上述例子中，首先使用 group 声明了一个名为“图书分类”的组，该组中包含 3 个元素“科技类”、“少儿类”和“社科类”。接下来声明了元素“图书”，其类型为复杂类型，在该复杂类型中使用 sequence 元素进行了定义，其包含的子元素为“图书分类”组。也就是说，“图书”元素中所包含的子元素为“图书分类”组中定义的 3 个元素“科技类”、“少儿类”和“社科类”，且这 3 个子元素必须按照此顺序出现。

边学边做

请创建出符合例 4-16 要求的 XML 实例文档片段。

提示

① 当 group 元素为 schema 元素的子元素时，其 name 属性必须出现，否则，该属性不允许出现。

② 当 group 元素为 schema 的子元素时，其 ref 属性不允许存在，否则，该属性必须出现。

【例 4-17】在 complexType 元素中使用 simpleContent 子元素。

```
<xs:element name="图书">
      <xs:complexType>
          <xs:simpleContent>
              <xs:extension base="xs:string">
                 <xs:attribute name="ISBN" type="xs:string"/>
             </xs:extension>
          </xs:simpleContent>
      </xs:complexType>
   </xs:element>
```

在上述例子中，使用 simpleContent 元素表明元素“图书”没有子元素，而可以有属性和数据内容，extension 元素表明“图书”元素的值是 string 类型，attribute 用来设置“图书”元素的属性“ISBN”。

边学边做

试问以下“图书”元素是否符合例 4-17 的要求？

① <图书 ISBN="978-12-3456">
</图书>

② <图书 ISBN="978-12-3456">
XML 程序设计
</图书>

【例 4-18】在 complexType 元素中使用 complexContent 子元素。

```
<xs:complexType name="图书">
   <xs:attribute name="ISBN" type="xs:string"/>
</xs:complexType>
<xs:complexType name="书名">
      <xs:complexContent>
          <xs:extension base="图书">
              <xs:sequence>
                 <xs:element name="书名" type="xs:string"/>
              </xs:sequence>
          </xs:extension>
   </xs:complexContent>
</xs:complexType>
<xs:element name="图书" type="书名"/>
```

上述例子中第一个 complexType 声明了名为“图书”的复杂类型，该类型包含一个名称为“ISBN”的属性。第二个 complexType 声明了名为“书名”的复杂类型，在该复

杂类型中，使用了 complexContent 元素，表明该复杂类型只能包含属性和子元素，不能包含字符数据（字符数据包含在子元素中），接下来使用 extension 元素表示该复杂类型是基于对“图书”复杂类型的扩展，然后添加一个子元素“书名”。最后，使用 element 元素声明了元素“图书”，该元素的类型为上述定义的“书名”这个复杂类型。也就是说，“图书”这一元素具有属性“ISBN”，然后又包含一个子元素“书名”。

边学边做

试问以下“图书”元素是否符合例 4-18 的要求？

① <图书 ISBN="978-12-3456">
</图书>

② <图书 ISBN="978-12-3456">
XML 程序设计
</图书>

③ <图书 ISBN="978-12-3456">
<书名>XML 程序设计</书名>
</图书>

思考

如何声明一个空元素？（提示：空元素也可以包含属性。）

4.5 XML Schema 属性声明

XML 文档内的元素可以定义多个属性以提供额外的信息，那么，如何在 XML Schema 中声明属性呢？声明属性的语法为

```
<xs:element name="元素名称">
   <xs:complexType>
      <xs:attribute name="属性名称" type="数据类型" use="optional|required|prohibited" default="默认值" fixed="固定值"/>
   </xs:complexType>
</xs:element>
```

说明：

（1）只有复杂类型元素可以拥有属性，简单类型元素是没有属性的。也就是说，用来声明属性的 attribute 元素只能包含在 complexType 元素中，而不能包含在 simpleType 元素中。

（2）attribute 用来声明属性，其属性 type 表示该属性的数据类型，其值可以为基本数据类型或内置派生的数据类型，也可以为由 simpleType 元素所定义的自定义数据类型。

（3）use 属性指明 XML 实例文档中属性的使用方式，取值为“optional”时表明该属性可有可无，该取值为默认值；取值为“required”时，表明该属性是必须出现的；取值为“prohibited”时，表示不能使用该属性，用于在 restriction 元素中限制属性的使用。

（4）default 和 fixed 的含义与声明元素时的含义相同，此处不再赘述。

例如，在例 4-6 中，第 25 行代码：

```
<xs:attribute name="编号"type="xs:string"/>
```

就声明了一个属性“编号”，其数据类型为 string。

【例 4-19】 声明一个可有可无的属性。

```
<xs:element name="地址">
   <xs:complexType>
       <xs:attribute name="邮政编码" use="optional">
           <xs:simpleType>
               <xs:restriction base="xs:string">
               <xs:pattern value="[0-9][0-9][0-9][0-9][0-9][0-9]"/>
               </xs:restriction>
           </xs:simpleType>
       </xs:attribute>
</xs:complexType>
</xs:element>
```

在上述例子中，为元素“地址”声明了一个可有可无的属性“邮政编码”，该属性的数据类型是使用 simpleType 元素自定义的一个数据类型，即由 5 位 0～9 的数字组成的字符串。

边学边做

试问以下“地址”元素是否符合例 4-19 的要求？若不符合，请写出其对应的 Schema 文件。

① <地址 邮政编码="123456"/>

② <地址 邮政编码="123456">辽宁省大连市</地址>

③ <地址/>

【例 4-20】 声明一个必须出现的属性。

```
<xs:element name="运动鞋">
   <xs:complexType>
       <xs:attribute name="鞋码" use="required">
           <xs:simpleType>
               <xs:restriction base="xs:decimal">
                 <xs:enumeration value="35"/>
                 <xs:enumeration value="36"/>
                 <xs:enumeration value="37.5"/>
```

```
                </xs:restriction>
            </xs:simpleType>
        </xs:attribute>
    </xs:complexType>
</xs:element>
```

在上述例子中，为元素“运动鞋”声明了一个属性“鞋码”，其值只能取“35”、“36”、“37.5”三者之一，且该属性是必须出现的。

边学边做

试改写例 4-20，要求鞋码的取值为“35 36 37.5”，即包含“35”、“36”、“37.5”值的列表。（提示：使用 list 元素进行定义。）

【例 4-21】声明一个禁止使用的属性。

```
<xs:element name="运动鞋">
   <xs:complexType>
       <xs:attribute name="鞋码" use="prohibited">
           <xs:simpleType>
               <xs:restriction base="xs:decimal">
                 <xs:enumeration value="35"/>
                 <xs:enumeration value="36"/>
                 <xs:enumeration value="37.5"/>
               </xs:restriction>
           </xs:simpleType>
       </xs:attribute>
</xs:complexType>
</xs:element>
```

在上述例子中，为元素“运动鞋”声明了一个属性“鞋码”，该属性的 use 取值为“prohibited”，表明禁止在元素“运动鞋”中使用属性“鞋码”。

4.6 图书管理系统的 Schema 实例

图书管理系统.xsd：

```
<?xml version="1.0" encoding="GB2312"?>
<xs:schema xmlns:xs="http://www.w3.org/2001/XMLSchema">
 <xs:element name="图书管理系统">
     <xs:complexType>
         <xs:sequence maxOccurs="unbounded">
```

```
                <xs:element name="图书" type="图书信息"/>
            </xs:sequence>
        </xs:complexType>
    </xs:element>
    <xs:group name="图书基本信息">
        <xs:sequence>
            <xs:element name="书名" type="xs:string"/>
            <xs:element name="作者" type="xs:string"/>
            <xs:element name="出版社" type="xs:string"/>
            <xs:element name="定价" type="xs:decimal"/>
        </xs:sequence>
    </xs:group>
    <xs:group name="图书借阅信息">
        <xs:sequence>
            <xs:element name="借阅人" type="xs:string"/>
            <xs:element name="借阅日期" type="xs:string"/>
            <xs:element name="归还日期" type="xs:string"/>
        </xs:sequence>
    </xs:group>
    <xs:complexType name="图书信息">
        <xs:sequence>
            <xs:group ref="图书基本信息"/>
            <xs:element name="借阅信息">
                <xs:complexType>
                    <xs:sequence>
                        <xs:group ref="图书借阅信息" maxOccurs="unbounded" minOccurs="0"/>
                    </xs:sequence>
                </xs:complexType>
            </xs:element>
        </xs:sequence>
        <xs:attribute name="分类" use="required">
            <xs:simpleType>
                <xs:restriction base="xs:string">
                    <xs:enumeration value="社科类"/>
                    <xs:enumeration value="少儿类"/>
                    <xs:enumeration value="科普类"/>
                </xs:restriction>
            </xs:simpleType>
        </xs:attribute>
```

```
        <xs:attribute name="ISBN" type="xs:string" use="required"/>
    </xs:complexType>
</xs:schema>
```

4.7 引用 Schema 文件

创建了 Schema 文件之后，需要在 XML 文档中引用它，以便于由其验证 XML 文档的结构。在 XML 中引用 Schema 文件的语法如下：

```
<根元素 xmlns:xsi="http://www.w3.org/2001/XMLSchema-instance"xsi:noNamespaceSchemaLocation="待引用的 Schema 文件的路径">
```

其中，"http://www.w3.org/2001/XMLSchema-instance" 为 W3C 规定的用于引用 Schema 文件的命名空间，通常使用前缀为"xsi"，而"noNamespaceSchemaLocation"属性则用来指明要引用的 Schema 文件的路径，这里可以使用绝对路径，也可以使用相对路径。

例如，创建一个 XML 文档，并在其中引用第 4.6 节中的"图书管理系统.xsd"，代码如下：

```
<?xml version="1.0" encoding="GB2312"?>
<图书管理系统 xmlns:xsi="http://www.w3.org/2001/XMLSchema- instance" xsi:noNamespaceSchemaLocation="图书管理系统.xsd">
    <图书 ISBN="978-12-345678" 分类="社科类">
        <书名>经济案件</书名>
        <作者>马健</作者>
        <出版社>科普出版社</出版社>
        <定价>16.90</定价>
        <借阅信息>
            <借阅人>王蒙</借阅人>
            <借阅日期>1998-01-23</借阅日期>
            <归还日期>1998-05-23</归还日期>
            <借阅人>王强</借阅人>
            <借阅日期>1998-06-23</借阅日期>
            <归还日期>1998-07-12</归还日期>
    </图书>
</图书管理系统>
```

另外，还可以基于某个已经创建好的 Schema 文件来创建 XML 文档，具体步骤如下。

（1）在 Altova XMLSpy 2010 中，选择"文件"→"新建"菜单命令，弹出"创建新文档"对话框，选择"xml Extensible Markup Language"一项，单击"确定"按钮，进入如图 4-2 所示的对话框。

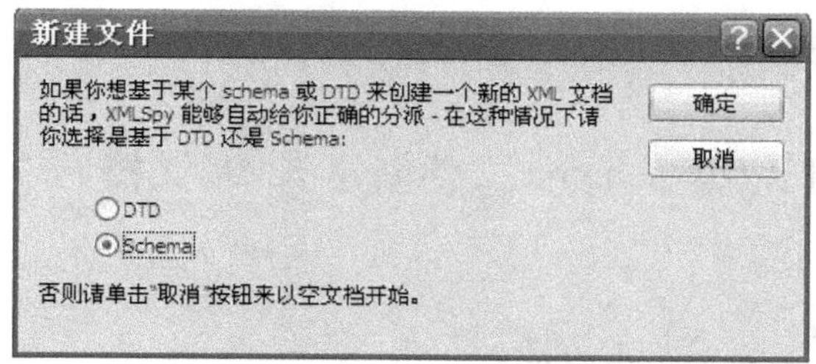

图 4-2 “新建文件”对话框

（2）在图 4-2 所示的“新建文件”对话框中，选择“Schema”单选项，单击“确定”按钮，弹出如图 4-3 所示的“XMLSpy”对话框。

图 4-3 “XMLSpy”对话框

（3）在图 4-3 所示的对话框中，单击“浏览...”按钮，选择要引用的 Schema 文件，然后单击“确定”按钮，此时便进入 XML 文档的代码编辑窗口，如图 4-4 所示。

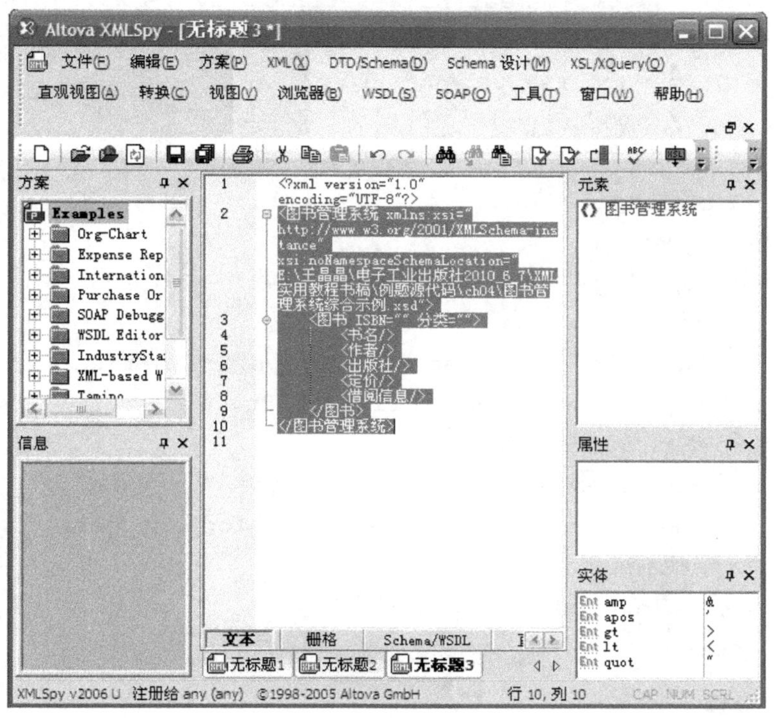

图 4-4 代码编辑窗口

（4）在图 4-4 所示的窗口中，已经由编辑工具根据所引用的 Schema 文件自动生成了符合要求的空 XML 文档，用户可根据需要来完善该 XML 文档。

4.8 实验指导

【实验指导 4-1】根据 Schema 文件创建 XML 文档

1. 实验目的

（1）掌握引用 Schema 文件的方法。

（2）掌握 Schema 文件中各元素标记的含义和用法。

2. 实验内容

根据以下 Schema 文件写出相应的 XML 文档。

```
<?xml version="1.0" encoding="UTF-8"?>
<xs:schema xmlns:xs="http://www.w3.org/2001/XMLSchema" element
FormDefault="qualified" attributeFormDefault="unqualified">
    <xs:element name="book">
        <xs:complexType>
            <xs:sequence>
                <xs:element name="title" type="xs:string"/>
                <xs:element name="author" type="xs:string"/>
                <xs:element  name="character"  type="character"
minOccurs ="0" maxOccurs="unbounded"/>
            </xs:sequence>
        <xs:attribute name="isbn" type="xs:string"/>
        </xs:complexType>
    </xs:element>
    <xs:complexType name="character">
        <xs:sequence>
            <xs:element name="name" type="xs:string"/>
            <xs:element name="friend-of"type="xs:string"minOccurs=
"0" maxOccurs="unbounded"/>
            <xs:element name="since" type="xs:date"/>
            <xs:element name="qualification" type="xs:string"/>
        </xs:sequence>
    </xs:complexType>
</xs:schema>
```

3. 实验步骤

（1）在 Altova XMLSpy 2010 中，选择“文件”→“新建”菜单命令，弹出“创建新文档”对话框，选择“xml Extensible Markup Language”一项，单击“确定”按钮，弹出如图 4-5 所示的“新建文件”对话框。

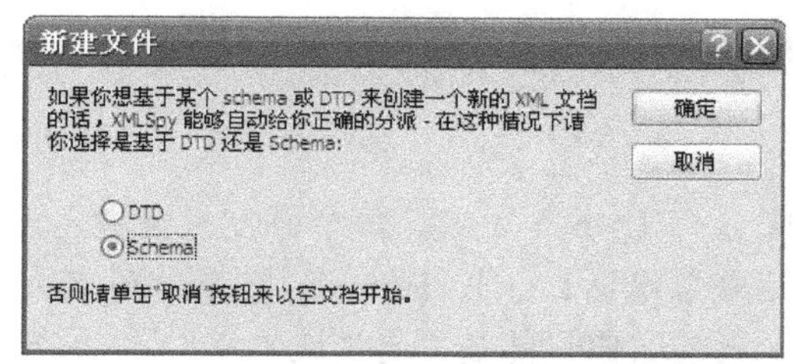

图 4-5　“新建文件”对话框

（2）在图 4-5 所示的对话框中，选择“Schema”单选项，单击“确定”按钮，弹出如图 4-6 所示的“XMLSpy”对话框。

图 4-6　“XMLSpy”对话框

（3）在图 4-6 所示的对话框中，单击“浏览...”按钮，选择要引用的 Schema 文件，然后单击“确定”按钮，此时便进入 XML 文档的代码编辑窗口，如图 4-7 所示。

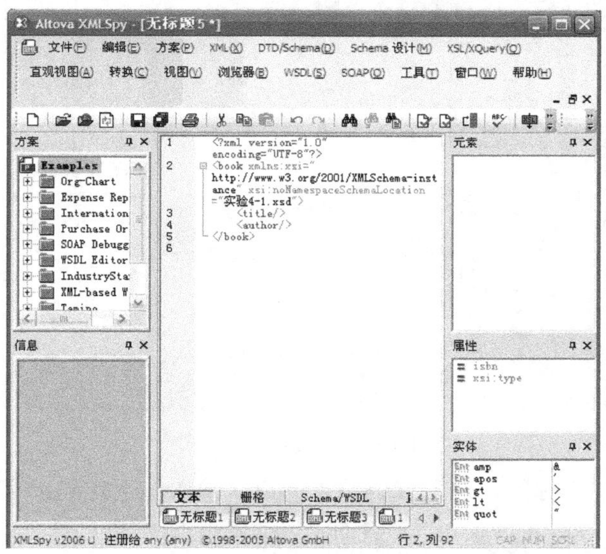

图 4-7　代码编辑窗口

（4）在图 4-7 所示的窗口中，已经由编辑工具根据所引用的 Schema 文件自动生成了符合要求的空 XML 文档，根据需要来完善该 XML 文档。

【实验指导 4-2】根据描述创建 Schema 文件

1. 实验目的

（1）掌握 Schema 文件的语法结构。

（2）掌握元素的声明及应用。

（3）掌握属性的声明及应用。

2．实验内容

一个好友信息列表中含有1～n个好友，每个好友包含姓名、性别、出生日期和联系方式，其中联系方式包括联系电话、QQ、E-mail。要求：姓名元素为字符类型，出生日期元素为日期型，性别元素的取值只能是“男”或“女”，联系方式的3个子元素必须按照“联系电话”、“QQ”、“E-mail”的顺序出现。根据上述描述写出一个符合要求的Schema文档。

3．实验步骤

（1）在Altova XMLSpy 2010中，选择“文件”→“新建”菜单命令，弹出“创建新文档”对话框，选择“xsd W3C XML Schema”一项，单击“确定”按钮，进入如图4-8所示的窗口。

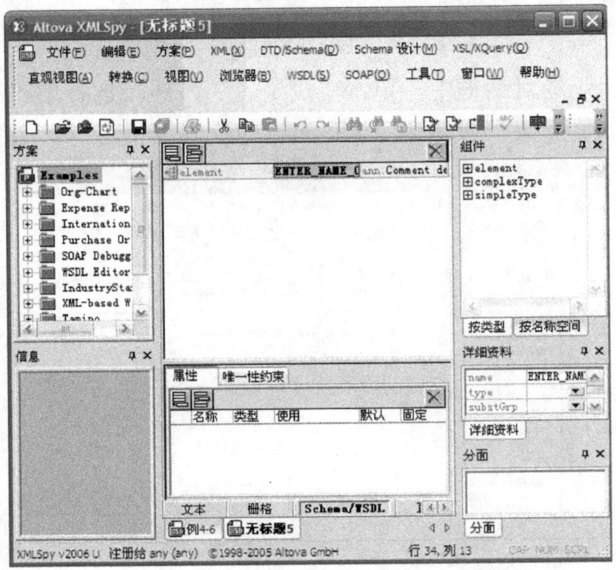

图4-8 “Schema”窗口

（2）单击“文本”标签，进入代码编辑窗口，输入如下代码：

```
<?xml version="1.0" encoding="GB2312"?>
<xs:schema xmlns:xs="http://www.w3.org/2001/XMLSchema">
  <xs:element name="好友信息列表">
    <xs:complexType>
      <xs:sequence>
        <xs:element ref="好友" maxOccurs="unbounded"/>
      </xs:sequence>
    </xs:complexType>
  </xs:element>
  <xs:element name="好友">
    <xs:complexType>
```

```
            <xs:sequence>
                <xs:element name="姓名" type="xs:string"/>
                <xs:element name="性别" type="选择"/>
                <xs:element name="出生日期" type="xs:date"/>
                <xs:element ref="联系方式"/>
            </xs:sequence>
        </xs:complexType>
    </xs:element>
    <xs:simpleType name="选择">
        <xs:restriction base="xs:string">
            <xs:enumeration value="男"/>
            <xs:enumeration value="女"/>
        </xs:restriction>
    </xs:simpleType>
    <xs:element name="联系方式">
        <xs:complexType>
            <xs:sequence>
                <xs:element name="联系电话" type="xs:string"/>
                <xs:element name="QQ" type="xs:string"/>
                <xs:element name="E-mail" type="xs:string"/>
            </xs:sequence>
        </xs:complexType>
    </xs:element>
</xs:schema>
```

（3）选择“文件”→“保存”菜单命令，保存文档，文档名为“实验 4-2.xsd”。

4.9 习题

一、选择题

1．（　　）语法用于编写 Schema。

A．HTML　　B．XML　　C．DTD　　D．SGML

2．Schema 支持（　　）。

A．数据类型　　B．XML　　C．命名空间　　D．元素

3．（　　）标签用于定义复合类型。

A．<simpleType>　　B．<attribute>　　C．<element>　　D．<complexType>

4．下列的（　　）属性用来建立 Schema 的命名空间。

A．name　　B．xmlns　　C．order　　D．type

5．在 W3C XML Schema 文档中要为元素赋予固定值，使用的属性是（　　）。

A．fixed　　B．default　　C．model　　D．nillable

6．在 W3C XML Schema 文档中可以直接将其指向另一个元素定义模块，避免在文档中多次定义同一元素的元素属性是（　　）。

A．abstract　　B．form　　C．ref　　D．block

7．在 W3C XML Schema 文档中，attribute 元素的属性 use 值为（　　）时表示属性是可选的并且可以具有任何值。

A．optional　　B．prohibited　　C．required　　D．fixed

8．W3C XML Schema 属性使用（　　）元素列举枚举值。

A．enum　　B．enumeration　　C．list　　D．group

9．在 W3C XML Schema 文档中，（　　）元素用来声明只有一个元素出现，用于互斥情况。

A．group　　B．all　　C．choice　　D．sequence

10．考虑下面的 XML Schema 范例：

```
<xs:element name="Price">
<xs:complexType>
<xs:attribute name="currency" type="xs:string"/>
</xs:complexType>
</xs:element>
```

其中，“currency”属性声明和如下的哪一个 DTD 声明等价？（　　）

A．<!ATTLIST Price currency CDATA #REQUIRED>

B．<!ATTLIST Price currency CDATA #FIXED>

C．<!ATTLIST Price currency CDATA #IMPLIED>

D．<!ATTLIST Price currency PCCDATA #IMPLIED>

二、填空题

1．_________是解决 XML 元素多义性和名称冲突问题的方案。

2．"<ln:学生列表 xmlns:ln=" http://www.lnmec.net.cn">"中的“学生列表”属于命名空间_________。

3．在 Schema 中，定义十进制整型的类型使用关键字_________。

4．在 Schema 中定义 DTD 中的“+”效果来控制元素，应将_________属性赋值为 1，将_________属性赋值为 unbounded。

5．在 XML 文档中引入 Schema 文件的属性名称为_________。

三、编程题

将如下的 DTD 定义，用 XML Schema 的方式来实现。

```
<!ELEMENT UserInfo (User)>
<!ELEMENT User (UserName,Age,Sex,QQ)>
<!ELEMENT UserName (#PCDATA)>
<!ELEMENT Age (#PCDATA)>
<!ELEMENT Sex (#PCDATA)>
<!ELEMENT QQ (#PCDATA)>
```

第5章 XML与样式表

XML 的最大特点是存储数据。从前面章节的介绍中不难发现，XML 文档中只包含了数据信息，而没有任何关于数据显示的内容。但在实际应用中，为了便于人们阅读和使用数据，常常需要将数据格式化显示，这个任务无法由 XML 标记语言完成，需要使用样式表。本章将介绍两种主要的样式表：级联样式表（CSS）和可扩展样式表语言（XSL），并重点讨论如何使用可扩展样式表语言来显示 XML 中的数据。

5.1 样式表概述

XML 的目的是使数据结构化，以便于数据之间进行交换。因此，XML 并不局限于文字图像的显示，而且关心数据之间的内在关系。也就是说，XML 文档本身重内容轻形式，数据与显示相分离。但是，XML 文档中结构化组织的信息在数据交换的过程中，往往需要以某种形式展示在用户面前，此时，单纯依靠 XML 就无法完成此项任务了，需要一种能够格式化显示 XML 文档的技术——样式表。

5.1.1 样式表简介

样式表（Style Sheet）是由一系列指令或规则组成的。样式表是一种专门描述结构文档表现方式的文档，它既可以描述这些文档在屏幕上的展示方式，也可以描述它们的打印效果。样式表一般不包含在 XML 文档的内部，而是以独立文档的方式存在的。样式表具有如下优点。

1. 数据表现力强

目前，样式表可以支持文字和图像的精确定位及交互操作等，其对于文档的表现力远远超过了 HTML 中的标记。更重要的是，由于样式表以独立文档的方式存在，所以当需要更改表达效果时，仅需修改样式表即可，而不会牵扯到 XML 文档中的内容。

2. 文档体积小

在实际应用中，通常需要使相同标记中的内容以相同的方式显示，使用传统的方法需要在每个标记中分别予以描述，造成大量的重复定义。而在样式表中，则仅仅需要描述一次就可以应用到多个同名标记的内容上，这样就会减少文档的篇幅，便于在网络中进行传输。

3. 利于信息检索

样式表可以实现非常复杂的显示效果。样式表所具有的样式显示与数据结构相分离的特点，使得网络搜索引擎对文档数据内容进行搜索时，不会因为混杂有各种显示描述的标记而降低检索的速度和效率。

4. 可读性好

样式表对各种标记的显示进行集中定义，定义方式直观易读。所以，样式表具有易学易用、可读性强和可维护性好的特点。

正因如此，W3C 极力提倡使用样式表来描述结构化文档的显示效果。与之相应，XML 的基本思想是将数据与数据显示分别定义，这就使得 XML 文档不像 HTML 文档那样结构混杂、内容繁乱，这样 XML 的编写者就可以把精力放在数据本身上，而不必关心其显示方式。另外，定义不同的样式表可以使相同的数据呈现出不同的显示效果，从而适用于不同的应用场合，甚至能够在不同的显示设备上显示。这样，XML 数据就可以得到最大程度上的重用，满足不同的应用需求。目前，主要有两种样式表用于 XML 文档的显示：一是级联样式表（CSS）；二是可扩展样式表语言（XSL）。

5.1.2 级联样式表 CSS

级联样式表（Cascading Style Sheets，CSS）是一种样式语言，其主要作用是让网页开发人员将网页内容与显示格式分离开，以提高网页的开发效率，以及提供更为多样化的显示效果。简而言之，CSS 的目的就是定义文档内标记的样式。

1996 年，W3C 发布了 CSS Level 1 标准，即 CSS1，该标准提供了许多网页字体、显示位置弹性化的规格设计。随后，1998 年 W3C 又推出了 CSS Level 2 标准，即 CSS2，该标准是在 CSS1 标准的基础上制定的，基本上涵盖了 CSS1，改善了 CSS1 的欠妥部分。例如，在 CSS1 的基础上增加了媒体类型、特性选择符、声音样式等功能，使 CSS 标准更为完善。

CSS 制定之初的服务对象不是 XML，而是 HTML。但是，自从 XML 诞生以来，CSS 与 XML 结合得更为紧密。这是因为 XML 标记不像 HTML 是预先定义好的，而是用户自己定义的，这样就可以更充分利用 CSS 的强大功能。

5.1.3 可扩展样式表语言 XSL

可扩展样式表语言（Extensible Stylesheet Language，XSL）也是由 W3C 制定的。XSL 自提出以来争议颇多，前后经过了几番大的修改。XSL 最近的一个草案于 2000 年成为

W3C 的候选标准。

与 CSS 不同，XSL 是通过 XML 进行定义的，它遵从 XML 的语法规则，是 XML 的一种具体应用。也就是说，XSL 本身就是一个 XML 文档，系统可以使用同一个 XML 解析器对 XML 文档及其相关的 XSL 文档进行解析处理。

XSL 实际上包含 3 种语言：一是转换 XML 的语言 XSLT；二是定义 XML 部分或模式的语言 XPath；三是定义 XML 显示方式的语言 XSL。其中，最重要的是 XSLT，它是一种用来将 XML 文档转换成其他类型文档或其他 XML 文档的语言；XPath 是一种对 XML 文档的部分进行寻址的语言；XSL 格式化则是将一个 XSL 转换结果变成适合用户使用的输出格式的过程。这 3 种语言构成了 XSL 功能的两大部分：第一部分描述了如何将一个 XML 文档转换为可浏览或可输出的格式的文档；第二部分定义了格式化对象 FO。在输出时，首先将 XML 文档根据给定的 XSL 转换为可显示的结构，这个过程称为转换，最后再按照 FO 解释，产生一个可以在屏幕上、纸质介质上、语音设备或其他媒体中输出的结果，这个过程称为格式化。

到目前为止，W3C 还未能出台一个得到多方面认可的 FO，但对于转换的这一部分协议则日趋成熟，已从 XSL 中分离出来，即前面提到的 XSLT，其正式推荐标准于 1999 年 11 月发布，现在一般所讲的 XSL 大都指的是 XSLT。

5.2 使用 CSS 显示 XML

5.2.1 CSS 基本语法

CSS 样式表是由一系列用来进行格式设置的指令或规则组成的，这些指令告诉浏览器如何显示 XML 文档中的元素。在 CSS 中，每条指令都由两部分组成：一部分称为“选择器”，指出该规则所适用的 XML 文档的元素；另一部分则给出这些元素具体的显示样式。CSS 的基本语法格式如下：

```
选择符
{
    属性 1:  属性值 1;
    属性 2:  属性值 2;
    ......
    属性 n: 属性值 n;
}
```

说明：

（1）属性与属性值之间用冒号分隔。

（2）各属性之间用分号分隔。

例如，对于如下 XML 文档中的 title 元素：

```
<title>C#程序设计</title>
```

设置 CSS 如下：

```
title
{
   font-size:16pt;
   color:red;
}
```

这表明，title 元素中的内容将按照字体尺寸为 16 磅、字体颜色为红色的样式进行显示。

5.2.2 CSS 常用属性

由于 CSS 样式的设置在网页课程中已经学习过，所以本节仅简单列举一些比较常用的属性，并对这些属性进行简单说明。

1. display 属性

display 属性用来设置元素的显示方式。XML 与 HTML 不同，标记中并没有默认的显示方式，要设置元素的显示方式就必须使用该属性。关于 display 属性的取值及其含义如表 5-1 所示。

表 5-1　display 属性值及其说明

display 属性值	说　明
block	将元素显示在块中，块级元素通过换行与其他元素分隔
inline	以内联方式显示元素，即元素内容紧接着在前一元素内容
list-item	以列表方式显示元素
none	隐藏不需要显示的元素

2. 块样式属性

由 display 属性中的 block 值指明的文字内容显示的块，需要对该块的外框、框线样式及块与块之间的间隔等进行设置，这就是所谓的块样式属性。块样式属性及其说明如表 5-2 所示。

表 5-2　块样式属性及其说明

块样式属性	说　明
border-color	框线颜色
border-style	框线样式，可取值为 none、dotted、dashed、solid 或 double 等
border-top-width	设定块上方的间隔，可取 thick、thin、medium 或点数
border-right-width	设定块右方的间隔，可取值同上
border-bottom-width	设定块底部的间隔，可取值同上
border-left-width	设定块左方的间隔，可取值同上

3. 位置的样式属性

位置的样式属性定义元素显示在指定位置。其常用属性及其取值说明如表 5-3 所示。

表 5-3　位置的样式属性及其取值说明

位置的样式属性值	说　明
position	指定定位方式，可取 absolute、relative 或 static
left	设定与左边界的距离，可取像素、百分比或自动
top	设定与顶部的距离，可取像素、百分比或自动
width	设定显示宽度，可取像素、百分比或自动
height	设定显示高度，可取像素、百分比或自动
z-index	当显示的网页元素重叠时的顺序编号
visibility	显示或隐藏元素，可取 visible 或 hidden

4. 颜色与背景样式属性

颜色与背景样式属性用于设置所标记的内容的显示颜色与背景颜色的样式。常用颜色与背景样式属性设置及其说明如表 5-4 所示。

表 5-4　常用颜色与背景样式属性设置及其说明

颜色与背景样式属性	说　明
Color	设定所标记的文字内容颜色
background-color	设定背景颜色，可取值同上
background-image	设定背景图片
background-position	设定背景图片的位置

5. 字体样式属性

字体样式属性用于设置字体的样式，基本字体样式属性设置及其说明如表 5-5 所示。

表 5-5　基本字体样式属性设置及其说明

字体样式属性	说　明
font-family	设置元素显示时所用的字体
font-weight	设置字体的粗细，可取值为 normal、bold、bolder、lighter、100、200、300、400、500、600、700、800 或 900
font-size	设置字体的尺寸，可取值为 xx-small、x-small、small、medium、large、x-large、xx-large、larger 或 smaller
font-style	设置字体的样式，可取值为 normal、italic 或 oblique
font-variant	设置字体打印样式，可取值为 normal 或 small-caps

6. 文本样式属性

文本样式属性可以设置文本显示的外观，包括对文本的对齐方式的指定、对文本加下画线等修饰及对字距等属性的控制等，其各属性的设置及其说明如表 5-6 所示。

表 5-6　文本样式属性设置及其说明

文本样式属性	说　明
line-height	设置网页的行距
margin-left	设置网页的左边界
margin-right	设置网页的右边界
margin-top	设置网页的上边界
margin-bottom	设置网页的下边界

续表

文本样式属性	说　明
text-decoration	设置文本修饰方式，可取值为 none、underline、overline、blink 或 line-through
vertical-align	设置文本内容垂直对齐方式，可取值为 auto、baseline、sub、super、top、text-top、middle、bottom 或 text-bottom
text-transform	设置文本转换，可取值为 none、capitalize、uppercase 或 lowercase
text-align	设置文本内容水平对齐方式，可取值为 left、right、center 或 justify
text-indent	设置文本段落缩排方式
word-spacing	在文本单词之间添加空白
letter-spacing	设置文本字母之间的空白

5.2.3　使用 CSS 显示 XML 文档

使用 CSS 显示 XML 文档分为以下 3 步。

（1）创建 XML 文档。

（2）创建用来格式化 XML 文档的 CSS 样式表。

（3）将 CSS 样式表链接到 XML 文档，并在浏览器中查看显示的结果。

其中，第 3 步将 CSS 样式表链接到 XML 文档，需要在 XML 文档的声明语句后加写一条关于样式表的声明语句，其语法格式如下：

```
<?xml-stylesheet type="text/css" href="css_uri"?>
```

说明：

（1）“<?xml-stylesheet?>”是处理指令，指出在解析器解析 XML 文档时的应用样式表。“<?xml-stylesheet?>”中的连字符“-”可以换成冒号“:”，即“<?xml:stylesheet?>”。

（2）type 属性用来指定链接样式表文件的格式，如果链接的是 CSS 样式表，则取值为“text/css”；如果链接的是 XSL 样式表，则取值为“text/xsl”。

（3）href 属性用于指定样式表的路径，该路径可使用绝对路径，也可使用相对路径。

【例 5-1】使用 CSS 显示 XML 文档。

（1）创建 XML 文档。

```
<?xml version ="1.0" encoding ="GB2312" ?>
<students>
    <student>
       <no>2003081205</no>
       <name>田淋</name>
       <class>软件 0331</class>
    </student>
    <student>
       <no>2003081232</no>
       <name>杨雪锋</name>
```

```
        <class>软件 0331</class>
    </student>
</students>
```

 **提示**

在 IE 浏览器中，CSS 样式表不支持对中文元素的操控，所以，要得到设置的显示效果就必须保证 XML 源文件中元素名称为字母。另外，在 CSS 样式表中，对字母的大小写是不进行区分的。

（2）编写 CSS 样式表 student.css。

```
student
{
   display:block;
}
no
{
   display:block;
font-size:16pt;
font-style:italic
}
name
{
   display:block;
}
class
{
   display:block;
    margin-bottom:10px;
}
```

上述 CSS 样式表中，将标记 student 的内容显示在一个块中；将标记 no 的内容显示在一个块中，字号的大小为 16pt，且斜体显示；将标记 name 的内容显示在一个块中；将标记 class 的内容显示在一个块中，并且与紧随其后的下一个块相距 10px。

（3）将 CSS 样式表链接到 XML 文档。

在 XML 文档的第 1 行之后，添加一条关于样式表的声明语句，如下所示：

```
<?xml version ="1.0" encoding ="GB2312" ?>
<?xml-stylesheet type="text/css" href="student.css"?>
<students>
   <student>
```

```
        <no>2003081205</no>
        <name>田淋</name>
        <class>软件 0331</class>
    </student>
    <student>
        <no>2003081232</no>
        <name>杨雪锋</name>
        <class>软件 0331</class>
    </student>
</students>
```

添加完处理指令之后，保存该 XML 文档，在浏览器中浏览，显示效果如图 5-1 所示。

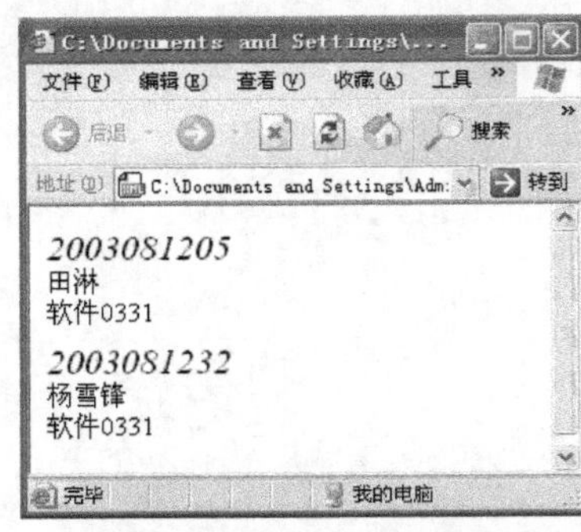

图 5-1　使用 CSS 显示 XML 文档效果图

5.3　使用 XSL 显示 XML

使用 CSS 样式表只能处理简单的、顺序固定的 XML 文档，而对于复杂的、高度结构化的 XML 文档，则需要使用 XSL。本节将详细讨论如何使用 XSL 从 XML 文档中提取数据，并显示在浏览器中。

5.3.1　XSL 入门

1. 使用 XSL 格式化 XML 文档的基本步骤

使用 XSL 格式化 XML 文档分为以下 3 步。

（1）创建 XML 文档。

（2）创建 XSL 样式表。

（3）链接 XSL 到 XML 文档。

下面将依照上述 3 步使用 XSL 格式化 XML 文档。

【例 5-2】 使用 XSL 格式化 XML 文档。

（1）创建保存数据的 XML 文档。

```
1<?xml version="1.0" encoding="GB2312"?>
```

```
<学生列表>
  <学生>
     <姓名>张扬</姓名>
     <性别>男</性别>
     <专业>计算机</专业>
     <联系方式>1234567</联系方式>
    <E-mail>zy@126.com</E-mail>
  </学生>
  <学生>
     <姓名>王岩</姓名>
     <性别>女</性别>
     <专业>计算机</专业>
     <联系方式>87662134</联系方式>
    <E-mail>wy@126.com</E-mail>
  </学生>
  <学生>
     <姓名>张鹤</姓名>
     <性别>女</性别>
     <专业>经管系</专业>
     <联系方式>67890123</联系方式>
    <E-mail>zh@126.com</E-mail>
  </学生>
</学生列表>
```

（2）创建 XSL 样式表 student.xsl。

```
<?xml version="1.0" encoding="GB2312"?>
<xsl:stylesheet version="1.0" xmlns:xsl="http://www.w3.org/1999/XSL/ Transform" xmlns:fo="http://www.w3.org/1999/XSL/Format">
<xsl:template match="/">
<html>
   <head>
      <title>定义模板</title>
   </head>
   <body>
      <xsl:apply-templates select="学生列表"/>
   </body>
</html>
</xsl:template>
<xsl:template match="学生列表">
<h1>欢迎查看学生列表</h1>
```

```
<xsl:apply-templates select="学生"/>
</xsl:template>
<xsl:template match="学生">
<ul>
  <xsl:value-of select="姓名"/>
</ul>
<li>
  <xsl:value-of select="性别"/>
</li>
<li>
  <xsl:value-of select="专业"/>
</li>
<li>
  <xsl:value-of select="联系方式"/>
</li>
<li>
  <xsl:value-of select="E-mail"/>
</li>
</xsl:template>
</xsl:stylesheet>
```

（3）链接 XSL 到 XML 文档。

在 XML 文档的第 1 行声明语句之后，添加如下语句：

```
<?xml-stylesheet type="text/xsl" href="student.xsl"?>
```

保存该 XML 文档，在浏览器中浏览，显示效果如图 5-2 所示。

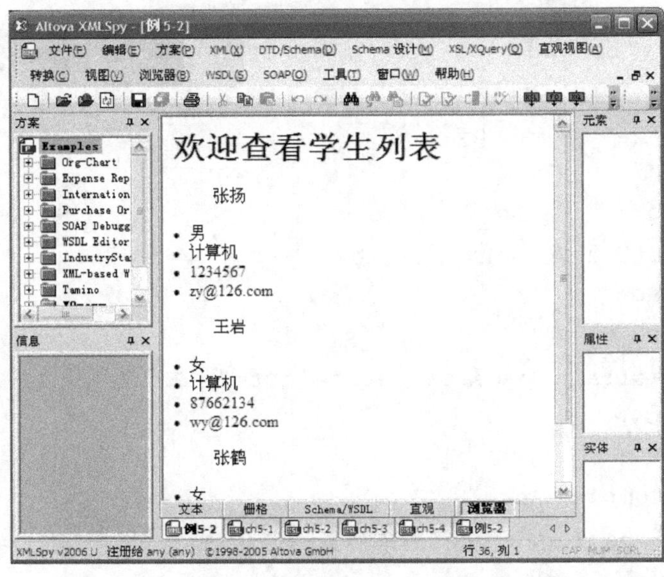

图 5-2　使用 XSL 格式化 XML 文档显示效果图

边做边想

针对上例创建的样式表，回答以下问题。

① 第 9 行代码是否可以使用第 13～16 行代码进行替换？若不可以，请给出会出现的错误提示信息。

② 样式表中元素“xsl:template”、“xsl:apply-templates”及“xsl:value-of”为何都使用前缀“xsl”？是否可以更换其前缀？若可以，请给出操作步骤。

③ 样式表的根元素是什么？

④ 在上述样式表中是否可以将第 3～12 行代码省略，并将第 13～16 行代码更改为

```
<xsl:template match="学生列表">
 <html>
<head>
    <title>定义模版</title>
</head>
<body>
<h1>欢迎查看学生列表</h1>
<xsl:apply-templates select="学生"/>
</body>
</xsl:template>
```

若不可以，请给出会出现的错误提示信息。

2. XSL 样式表工作原理

了解了使用 XSL 格式化 XML 文档的步骤之后，本节将讨论 XSL 样式表的工作原理，从更深层次探讨 XSL 是如何将 XML 文档按照设定的样式进行显示的。

XSL 的工作原理是：首先，把 XML 文档看做一棵存储数据的树，称之为源树，XSL 利用 XSL 处理器，在源树中寻找目标节点，找到目标节点后重新排列组合形成一个临时文件，该文件就是结果树；然后，处理器按照 XSL 文件中定义好的样式，对结果树中的内容进行格式化，并产生一份可由浏览器显示的文件进行显示。

下面以例 5-2 介绍 XSL 是如何工作的，XSL 处理器是如何对 XML 文档中的数据进行格式化的，并按 XSL 样式表中规定的输出样式将 XML 文档表现出来。

例 5-2 的 XML 源文档的结构树如图 5-3 所示。

例 5-2 的 XML 文档中声明语句、处理指令、根元素及各个子元素都对应结构树中的一个节点，这棵结构树以“/”作为根节点。

接下来，将分析例 5-2 的 XSL 样式表。

第 1 行是 XML 的声明语句。

第 2 行是 XSL 的根元素 stylesheet，并声明了两个命名空间前缀 xsl 和 fo，其中，stylesheet 是 XSL 样式表的唯一根元素，命名空间“http://www.w3.org/1999/XSL/Transform”使用前缀 xsl 代替，命名空间“http://www.w3.org/1999/XSL/Format”使用前缀 fo 代替。

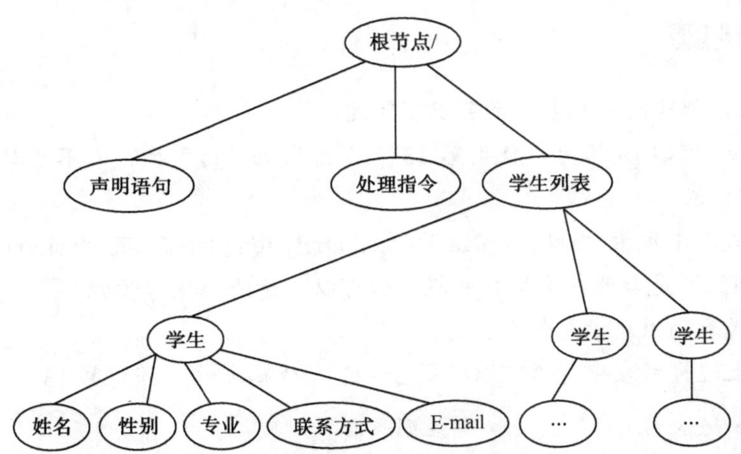

图 5-3　XML 源文档的结构树

第 3～9 行是根节点的模板定义，该模板定义的规则为第 4～11 行的内容，第 12 行为根节点模板的结束。在根节点模板中，首先定义了网页的标题“定义模板”，然后第 9 行调用了“学生列表”模板。

第 13～16 行定义了“学生列表”模板，该模板的定义的规则为第 14～15 行的内容，第 14 行显示“欢迎查看学生列表”，第 15 行调用“学生”模板。

第 17～33 行定义了“学生”模板，该模板的定义规则为第 18～32 行的内容，即用列表项的方式依次显示“姓名”、“性别”、“专业”、“联系方式”和“E-mail”元素的内容。

第 34 行为 XSL 文档结束标记。

XSL 处理器将源树中的根节点与样式表中的根节点模板进行匹配，开始输出模板中的以下内容：

```
<html>
  <head>
    <title>定义模板</title>
  </head>
  <body>
```

接下来遇到第 9 行语句“<xsl:apply-templates select="学生列表"/>”，便调用第 13～16 行所定义的“学生列表”模板。在该模板中，首先输出语句：

```
<h1>欢迎查看学生列表</h1>
```

接下来又遇到了第 15 行语句“<xsl:apply-templates select="学生"/>”，便调用第 17～33 行所定义的“学生”模板。在该模板中，首先输出语句：

```
<ul>
```

这时遇到第 19 行语句“<xsl:value-of select="姓名"/>”，该语句将取得“姓名”的内容，放到“<ul>”标记后面，接下来输出“</ul>”。以此类推，将每个学生的各个信息均放在相应的标记中。处理完第 3 个模板之后返回到调用第 3 个模板的地方接着输出，这时发现第 2 个模板输出结束，再接着返回到调用第 2 个模板的地方，也就是第 1 个模板中的第 10 行的位置接着输出以下内容：

```
</body>
</html>
```

至此，XSL 处理器处理完毕，并生成如下 HTML 文档交由浏览器显示。

```
<html>
  <head>
    <title>定义模板</title>
  </head>
  <body>
     <h1>欢迎查看学生列表</h1>
     <ul>张扬</ul>
     <li>男</li>
     <li>计算机</li>
     <li>1234567</li>
     <li>zy@126.com</li>
     <ul>王岩</ul>
     <li>女</li>
     <li>计算机</li>
     <li>87662134</li>
     <li>wy@126.com</li>
<ul>张鹤</ul>
     <li>女</li>
     <li>经管系</li>
     <li>67890123</li>
     <li>zh@126.com</li>
</body>
    </html>
```

5.3.2 XSL 模板

XML 中的数据按照 XSL 样式表定义的显示方式进行显示，XSL 中用来定义数据显示样式的元素称为模板。

1. 定义模板

在一个 XSL 文件中可以定义一个或多个模板，每个模板都是一组规则，这组规则将特定的输出与特定的输入相关联，实现数据显示的转换。模板定义的语法格式为

```
<xsl:template match="标记匹配模式">
    <!--输出内容与输出格式定义-->
```

```
</xsl:template>
```

说明：

（1）<xsl:template>是模板定义的开始标记，</xsl:template>是模板定义的结束标记，在该标记对中出现的内容则是用来定义输出格式和输出内容的。

（2）match 属性用于指定将此模板定义的规则应用于 XML 文档的哪个节点，该属性必须出现在模板定义的开始标记中。match 属性的值是一个 XPath 表达式，在 XML 文档中只有与该表达式匹配的节点才会使用该模板定义的规则进行输出。XPath 表达式将在第 5.4 节中详细介绍。

（3）在 XSL 模板中，可以直接使用所有合法的 HTML 标记。但要注意的是，对于 HTML 中的
和<hr>单行元素，必须写成
和<hr/>的空元素形式。

（4）模板定义指令不能嵌套，即不能在<xsl:template>元素中再嵌套使用<xsl:template>元素，<xsl:template>元素必须是 XSL 根元素<xsl:stylesheet>的直接子元素。

（5）样式表有且只有一个根模板。根模板指的是与 XML 文档结构树中的根节点匹配的模板，该模板的 match 属性的取值为“/”。XSL 处理器首先必须找到根模板，然后才开始处理 XSL 变换，即 XSL 处理器总是从根模板开始实施 XSL 变换的。

例如，例 5-2 创建的 XSL 样式表中第 3～12 行：

```
3 <xsl:template match="/">
4 <html>
5     <head>
6         <title>定义模板</title>
7     </head>
8     <body>
9         <xsl:apply-templates select="学生列表"/>
10    </body>
11 </html>
12 </xsl:template>
```

就定义了一个根模板。

例如，例 5-2 创建的 XSL 样式表中第 13～16 行：

```
13 <xsl:template match="学生列表">
14 <h1>欢迎查看学生列表</h1>
15 <xsl:apply-templates select="学生"/>
16 </xsl:template>
```

所定义的模板，其 match 属性的值为“学生列表”，这表明 XML 文档中“学生列表”标记中的内容将按照该模板定义的规则进行显示。

2. 调用模板

在例 5-2 创建的 XSL 样式表中，第 3～12 行和第 13～16 行定义的两个模板都含有语句<xsl:apply-templates select="…"/>，该语句为调用模板的命令。调用模板的语法格式为

```
<xsl:apply-templates select="标记匹配模式"/>
```

说明：

（1）xsl:apply-template 为调用模板的元素。

（2）select 属性为标记匹配模式，其值为 XPath 表达式。

（3） XSL 处理器在发现模板调用标记<xsl:apply-templates select="标记匹配模式"/>之后，就会根据 select 属性值到源树中寻找所有和 select 属性值相匹配的标记，找到这些标记后，再到 XSL 文件中为这些标记寻找相应的模板，一旦找到该标记匹配的模板，就会依次把该模板中的内容输出并放到 xsl:apply-templates 元素所在的位置。

例如，例 5-2 创建的 XSL 样式表中第 13～16 行：

```
13 <xsl:template match="学生列表">
14 <h1>欢迎查看学生列表</h1>
15 <xsl:apply-templates select="学生"/>
16 </xsl:template>
```

XSL 处理器在第 15 行发现模板调用标记<xsl:apply-templates select="学生"/>后，就根据 select 属性值到源树中寻找所有和 select 属性值匹配的标记，发现共有 3 个“学生”标记，然后再到 XSL 文件中寻找是否存在“学生”标记对应的模板，发现在例 5-2 创建的 XSL 样式表中第 17 行定义了“学生”标记对应的模板，接下来，就会对源树中 3 个学生分别使用该模板，把该模板中的内容输出并放到第 15 行<xsl:apply-templates select="学生"/>所在的位置处。

边学边做

对例 5-2 创建的 XSL 样式表，完成如下操作。

① 写出第 15 行调用模板之后的“学生列表”模板的内容。

② 写出第 9 行调用模板之后的根模板的内容。

5.3.3 节点的访问

模板将一组规则与 XML 文档中的某个节点进行关联，而要提取标记中所包含的数据则需要访问节点。

1. 访问单个节点

访问单个节点的语法格式如下：

```
<xsl:value-of select="标记匹配模式"/>
```

说明：

（1）xsl:value-of 用于输出指定的 XML 元素内容。

（2）select 属性用于选择被提取值的节点。

例如，例 5-2 创建的 XSL 样式表中第 19 行：

```
<xsl:value-of select="姓名"/>
```

就提取了 XML 文档中元素“姓名”的内容。

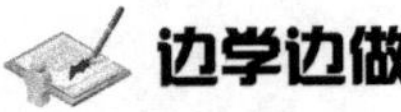

边学边做

试将以下 XSL 样式表应用到例 5-2 的 XML 文档，观察其在浏览器中的显示效果，并分析其与应用例 5-2 创建的样式表效果不同的原因。

```
<?xml version="1.0" encoding="GB2312"?>
<xsl:stylesheet  version="1.0"  xmlns:xsl="http://www.w3.org/
1999/XSL/ Transform" xmlns:fo="http://www.w3.org/1999/XSL/Format">
<xsl:template match="/">
  <html>
     <head>
        <title>定义模板</title>
     </head>
     <body>
        <xsl:apply-templates select="学生列表"/>
     </body>
  </html>
</xsl:template>
<xsl:template match="学生列表">
  <h1>欢迎查看学生列表</h1>
  <ul>
     <xsl:value-of select="学生/姓名"/>
  </ul>
  <li>
     <xsl:value-of select="学生/性别"/>
  </li>
  <li>
     <xsl:value-of select="学生/专业"/>
  </li>
  <li>
     <xsl:value-of select="学生/联系方式"/>
  </li>
  <li>
     <xsl:value-of select="学生/E-mail"/>
  </li>
</xsl:template>
</xsl:stylesheet>
```

2. 访问多个相同节点

XSL 访问多个相同节点的语法格式如下：

```
<xsl:for-each select="标记匹配模式">
  ……
  <xsl:value-of ……/>
  ……
</xsl:for-each>
```

说明：

（1）<xsl:for-each>元素用于循环遍历整个 XML 文档，对 XML 文档中符合 select 属性指定的多个相同节点的数据进行同样的处理和输出。

（2）select 属性用来选择需要循环输出的节点元素。

（3）<xsl:value-of>用来输出指定的子节点的内容。

【例 5-3】 使用 xsl:for-each 元素改写例 5-2 创建的样式表。

```
<?xml version="1.0" encoding="GB2312"?>
<xsl:stylesheet version="1.0" xmlns:xsl="http://www.w3.org/1999/XSL/ Transform" xmlns:fo="http://www.w3.org/1999/XSL/Format">
<xsl:template match="/">
 <html>
    <head>
       <title>定义模板</title>
    </head>
    <body>
       <xsl:apply-templates select="学生列表"/>
    </body>
</html>
</xsl:template>
<xsl:template match="学生列表">
<h1>欢迎查看学生列表</h1>
<xsl:for-each select="学生">
  <ul>
     <xsl:value-of select="姓名"/>
    </ul>
    <li>
       <xsl:value-of select="性别"/>
    </li>
    <li>
       <xsl:value-of select="专业"/>
    </li>
    <li>
```

```
26        <xsl:value-of select="联系方式"/>
27     </li>
28     <li>
29        <xsl:value-of select="E-mail"/>
30     </li>
31     </xsl:for-each>
32  </xsl:template>
33  </xsl:stylesheet>
```

将例 5-2 创建的 XML 文档应用于例 5-3 的样式表，在 XMLSpy 的浏览器中浏览，其显示效果如图 5-4 所示。

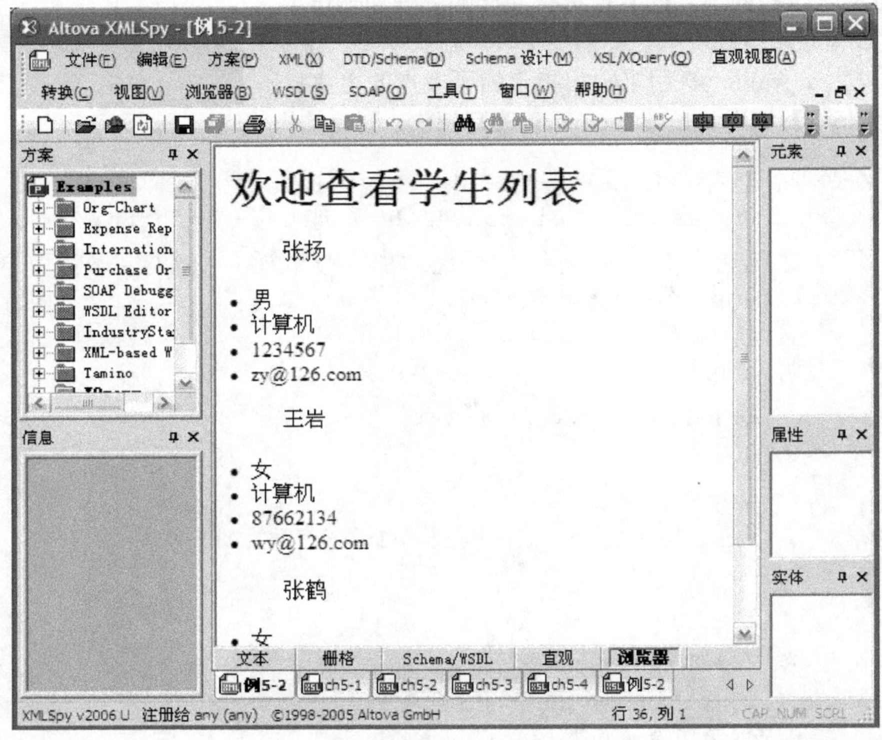

图 5-4　显示效果图

例 5-3 中，XSL 处理器在根模板中发现了<xsl:apply-template …/>模板调用标记，就到 XML 源树中寻找与 select 属性匹配的“学生列表”标记，然后到 XSL 文件寻找“学生列表”模板，在第 13 行定义了“学生列表”模板，在该模板中使用<xsl:for-each select="学生">指令依次对 XML 源树中的 3 个“学生”标记分别使用该指令所定义的规则，即依次输出每个学生的“姓名”、“性别”、“专业”、“联系方式”和“E-mail”信息。

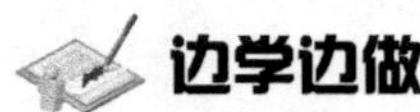

边学边做

试为以下 XML 文档编写 XSL 样式表，使用 xsl:for-each 输出每本图书的信息。

```
<图书管理>
    <图书>
        <书名>XML 实用教程</书名>
        <作者>张强</作者>
        <出版社>清华大学出版社</出版社>
        <定价>18.90 元</定价>
    </图书>
    <图书>
        <书名>C#程序设计</书名>
        <作者>王敬</作者>
        <出版社>电子工业出版社</出版社>
        <定价>25.00 元</定价>
    </图书>
    <图书>
        <书名>数据库原理</书名>
        <作者>王贺</作者>
        <出版社>机械工业出版社</出版社>
        <定价>30.00 元</定价>
    </图书>
</图书管理>
```

3. 节点的选择方式

<xsl:template>标记中的 match 属性用于指定需要匹配的节点，<xsl:apply-templates>、<xsl:value-of>和<xsl:for-each>等标记中的select属性也用于指定匹配的节点，为了对XML文档中的元素或节点进行灵活的选择和指定，XSL 提供了多种选择节点的方式。

1）使用元素名访问节点

可以直接使用 XML 文档中的某个元素名来选择匹配的节点。例如，例 5-3 中第 9 行：

```
<xsl:apply-templates select="学生列表"/>
```

调用了与“学生列表”元素匹配的模板。

例 5-3 中第 13 行：

```
<xsl:template match="学生列表">
```

定义了与“学生列表”元素匹配的模板。

例 5-3 中第 17 行：

```
<xsl:value-of select="姓名"/>
```

用来访问元素“姓名”的内容。

2）使用匹配符访问节点

（1）匹配根节点。在 XSL 中，第一个出现的模板就是与根节点匹配的模板——根模板。根节点的匹配使用符号“/”，XSL 中根模板有且只有一个。

例如，例 5-3 中第 3 行：

```
<xsl:template match="/">
```

就定义了一个根模板。

（2）匹配根元素。根元素是 XML 文档中最顶层的元素，根元素的匹配符号是“/*”。

例如，例 5-3 中第 13 行：

```
<xsl:template match="学生列表">
```

就可以写成：

```
<xsl:template match="/*">
```

两者完全等价。

（3）匹配当前节点和父节点。匹配当前节点用点号“.”，匹配当前节点的父节点用两个点号“..”。

例如，定义如下“姓名”模板：

```
<xsl:template match="姓名">
    <xsl:value-of select="."/>
    <xsl:value-of select="../性别"/>
</xsl:template>
```

其中，<xsl:value-of select="."/>用于取得当前节点“姓名”的值，<xsl:value-of select="../性别"/>用于取得当前节点的父节点——“学生”的子节点“性别”的值。

边学边做

试将如下 XSL 样式表链接到例 5-2 创建的 XML 文档，观察其在浏览器中的显示结果，并分析其原因。

```
<?xml version="1.0" encoding="GB2312"?>
<xsl:stylesheet version="1.0" xmlns:xsl="http://www.w3.org/1999/XSL/Transform" xmlns:fo="http://www.w3.org/1999/XSL/Format">
<xsl:template match="/">
  <html>
     <head>
        <title>定义模板</title>
     </head>
     <body>
        <xsl:apply-templates select="学生列表"/>
     </body>
```

```
    </html>
</xsl:template>
<xsl:template match="学生列表">
    <h1>欢迎查看学生列表</h1>
    <xsl:value-of select="."/>
</xsl:template>
</xsl:stylesheet>
```

（4）使用路径访问节点。

① 使用绝对路径访问节点。绝对路径就是从源树的根节点到指定节点的路径。其中，使用“/”代表根节点，在路径中使用“/”作为分隔符。

例如，访问“姓名”节点的绝对路径为：

```
/学生列表/学生/姓名
```

边学边做

试为例 5-2 创建的 XML 文档创建一个 XSL 样式表，要求在根模板中使用绝对路径的方式访问“性别”元素。

② 使用相对路径访问节点。相对路径就是从当前节点到指定节点的路径。

例如：

```
<xsl:template match="学生列表">
    <xsl:value-of select="学生/姓名"/>
</xsl:template>
```

其中，<xsl:value-of select="学生/姓名"/>的 select 属性使用的就是相对路径“学生/姓名”。

③ 在路径中使用“*”。在路径中允许使用“*”来代替任意的元素节点名称。例如，只知道“学生列表”的孙子节点“姓名”，而不知道“姓名”的父节点的名称，这时，就可以使用“*”来代替“学生列表”的儿子节点，即“姓名”的父节点。

```
<xsl:template match="/">
    <xsl:value-of select="学生列表/*/姓名"/>
</xsl:template>
```

④ 在路径中使用“//”。“*”只能用于匹配已知结构中某一层的任意元素，而“//”可以直接引用任意层的后代节点。例如，可以使用如下模板来获得“职工编号”节点的内容。

```
<xsl:template match="/">
    <xsl:apply-templates select="学生列表//姓名"/>
</xsl:template>
<xsl:template match=""学生列表//姓名">
```

```
    <xsl:value-of select="."/>
  </xsl:template>
```

其中，<xsl:apply-templates select="学生列表//姓名"/>中的 select 属性值“学生列表//姓名”表示直接寻找“学生列表”的“姓名”子节点，而不考虑“姓名”与“学生列表”之间到底有几层关系。

4. 访问指定元素的属性

使用<xsl:value-of select="……"/>除了可以获得元素的值外，也可以使用它获得属性的值，只需在属性名称的前面加上“@”符号即可。

【例 5-4】 拥有属性的 XML 文档。

```
<?xml version="1.0" encoding="GB2312"?>
<学生列表>
<学生 ID="e01">
    <姓名>张扬</姓名>
    <性别>男</性别>
    <专业>计算机</专业>
    <联系方式>1234567</联系方式>
    <E-mail>zy@126.com</E-mail>
</学生>
<学生 ID="e02">
    <姓名>王岩</姓名>
    <性别>女</性别>
    <专业>计算机</专业>
    <联系方式>87662134</联系方式>
    <E-mail>wy@126.com</E-mail>
</学生>
<学生 ID="e03">
    <姓名>张鹤</姓名>
    <性别>女</性别>
    <专业>经管系</专业>
    <联系方式>67890123</联系方式>
    <E-mail>zh@126.com</E-mail>
</学生>
</学生列表>
```

【例 5-5】 访问属性的 XSL 样式表。

```
  <?xml version="1.0" encoding="GB2312"?>
  <xsl:stylesheet version="1.0" xmlns:xsl="http://www.w3.org/1999/
XSL/Transform" xmlns:fo="http://www.w3.org/1999/XSL/Format">
  <xsl:template match="/">
```

```
  <html>
      <head>
          <title>定义模板</title>
      </head>
      <body>
          <xsl:apply-templates select="学生列表"/>
      </body>
  </html>
</xsl:template>
<xsl:template match="学生列表">
  <h1>欢迎查看学生列表</h1>
  <xsl:for-each select="学生">
       <ul>
           <xsl:value-of select="@ID"/>
       </ul>
       <li>
           <xsl:value-of select="姓名"/>
       </li>
       <li>
           <xsl:value-of select="性别"/>
       </li>
       <li>
           <xsl:value-of select="专业"/>
       </li>
       <li>
           <xsl:value-of select="联系方式"/>
       </li>
       <li>
           <xsl:value-of select="E-mail"/>
       </li>
       </xsl:for-each>
</xsl:template>
</xsl:stylesheet>
```

其中，<xsl:value-of select="@ID"/>访问属性“ID”。

将例 5-4 创建的 XML 文档应用于例 5-5 创建的样式表，在 XMLSpy 浏览器中浏览，其显示效果如图 5-5 所示。

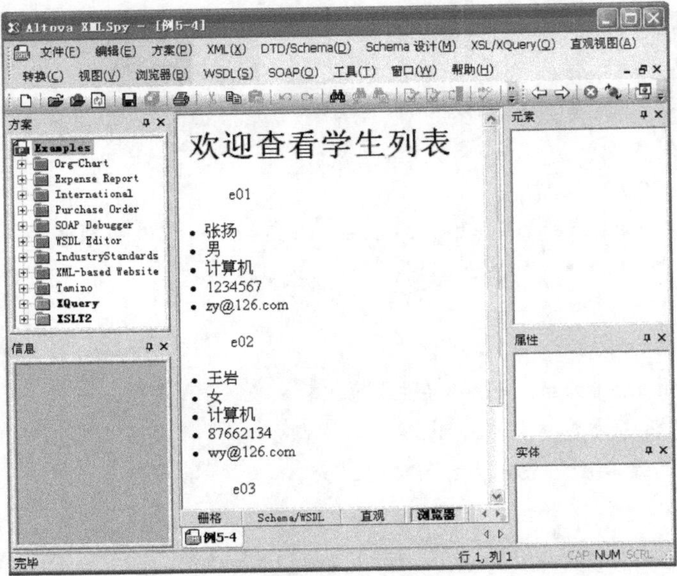

图 5-5　显示效果图

边学边做

现有如下 XML 文档：

```
<?xml version="1.0" encoding="GB2312"?>
<学生列表>
  <学生>
     <姓名 ID="e01">张扬</姓名>
     <性别>男</性别>
     <专业>计算机</专业>
     <联系方式>1234567</联系方式>
     <E-mail>zy@126.com</E-mail>
  </学生>
  <学生>
     <姓名 ID="e02">王岩</姓名>
     <性别>女</性别>
     <专业>计算机</专业>
     <联系方式>87662134</联系方式>
     <E-mail>wy@126.com</E-mail>
  </学生>
  <学生>
     <姓名 ID="e03">张鹤</姓名>
     <性别>女</性别>
     <专业>经管系</专业>
     <联系方式>67890123</联系方式>
```

```
        <E-mail>zh@126.com</E-mail>
    </学生>
</学生列表>
```

试仿照例 5-5 创建一个样式表，要求访问并输出各元素及属性的值。

5. 在模板中选择多个元素

在前面的例子中，每个模板都是应用某一个选定的节点，XSL 允许一次选择多个节点，只需要使用“|”来选择模板匹配的多个元素即可。

例如，下面的模板应用于选择元素“姓名”、“性别”和“联系方式”。

```
<xsl:template match="姓名|性别|联系方式">
   <xsl:value-of select="."/>
</xsl:template>
```

6. 使用附加条件访问节点

在 XSL 中可以为选择的元素添加限制条件，比如，可以限制元素必须有给定的子元素、必须有给定的属性等。为选择的元素添加限制条件需要使用符号“[]”。为了便于说明如何为选择的元素添加限制条件，现将例 5-4 的 XML 文档进行修改，如例 5-6 所示，本节中所有的样式均应用于该 XML 文档。

【例 5-6】 XML 文档。

```
<?xml version="1.0" encoding="GB2312"?>
<学生列表>
   <学生>
      <姓名 ID="e01">张扬</姓名>
      <性别>男</性别>
      <专业>计算机</专业>
      <联系方式>1234567</联系方式>
      <E-mail>zy@126.com</E-mail>
   </学生>
   <学生>
      <姓名 ID="e02">王岩</姓名>
      <性别>女</性别>
      <专业>计算机</专业>
      <联系方式>87662134</联系方式>
      <E-mail>wy@126.com</E-mail>
   </学生>
   <学生>
      <姓名>张鹤</姓名>
      <性别>女</性别>
      <专业>经管系</专业>
```

```
        <联系方式>67890123</联系方式>
    </学生>
</学生列表>
```

（1）限制元素必须有子元素。例如，查看具有“E-mail”元素的学生信息，可以使用如下模板。

```
<xsl:template match="学生[E-mail]">
    <xsl:value-of select="姓名"/>
    <xsl:value-of select="性别"/>
    <xsl:value-of select="专业"/>
    <xsl:value-of select="联系方式"/>
    <xsl:value-of select="E-mail"/>
</xsl:template>
```

边学边做

试利用上述模板创建一个 XSL 样式表，要求显示具有“E-mail”元素的所有学生的信息。

（2）添加多个限制条件。在“[]”中使用“|”来组合多个限制条件，这些条件之间为“或者”关系。例如：

```
<xsl:template match="学生[E-mail|联系方式]">
    <xsl:value-of select="姓名"/>
    <xsl:value-of select="性别"/>
    <xsl:value-of select="专业"/>
    <xsl:value-of select="联系方式"/>
    <xsl:value-of select="E-mail"/>
</xsl:template>
```

上述模板选择的是有“E-mail”或“联系方式”子元素的“学生”节点。

边学边做

① 试利用上述模板创建一个 XSL 样式表，要求显示具有“E-mail”或“联系方式”元素的所有学生的信息。

② 试创建一个 XSL 样式表，要求显示既具有“E-mail”又具有“联系方式”元素的学生信息。

（3）在条件中使用“*”。在某些情况下，若只知道限制条件是什么，而不知道元素的名称，这时可以使用“*”来代替该元素。例如：

```
<xsl:template match="*[E-mail]">
```

```
    <xsl:value-of select="姓名"/>
</xsl:template>
```

上述模板就可以获取带有“E-mail”子元素的任意元素的“姓名”子元素的内容。

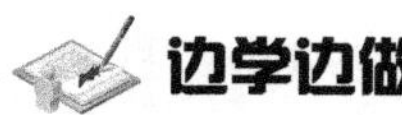

边学边做

试利用上述模板创建一个 XSL 样式表，要求显示具有“E-mail”元素的所有学生的信息。

（4）限制元素必须带有给定属性。在“[]”中允许使用“@”来指定元素必须带有给定的属性。例如：

```
<xsl:template match="姓名[@ID]">
    <xsl:value-of select="."/>
</xsl:template>
```

上述模板就可以获取带有“ID”属性的学生的“姓名”。

边学边做

试创建一个 XSL 样式表，要求显示具有“ID”属性的学生信息。

（5）限制元素或属性的内容为给定的字符串。在“[]”中可以使用“=”来判断元素或属性的内容是否为给定的字符串。例如：

```
<xsl:template match="姓名[@ID='e01']">
    <xsl:value-of select="."/>
</xsl:template>
```

上述模板就可以获取“ID”属性值为“e01”的学生“姓名”。例如：

```
<xsl:template match="学生[性别='女']">
    <xsl:value-of select="姓名"/>
</xsl:template>
```

上述模板就可以获取“性别”为“女”的学生的“姓名”。

边学边做

① 试创建一个 XSL 样式表，要求显示“ID”属性为“e02”的学生信息。
② 试创建一个 XSL 样式表，要求显示性别为“男”的学生信息。

5.3.4 节点的输出

XSL 文件不仅可以访问节点，还可以在节点的输出方式上进行操作，比如，可以对

输出的结果进行排序、对元素进行选择性输出等。

1. 输出中单条件判断

<xsl:if>元素用来在模板中设置条件，对 XML 文档中的数据进行过滤。<xsl:if>元素的功能非常类似于 C 语言中的 if 语句，其语法格式如下：

```
<xsl:if test="测试条件">
  ......
</xsl:if>
```

说明：

（1）<xsl:if>为单条件判断的开始标记，</xsl:if>为单条件判断的结束标记。

（2）test 属性用于指定测试条件，若测试条件满足，则 XSL 处理器将继续转换单条件判断开始标记后面的内容；若测试条件不满足，则 XSL 处理器将忽略单条件判断标记内的内容，处理单条件判断结束标记后的语句。

【例 5-7】利用<xsl:if>元素筛选出所有性别为“男”的学生名单。（注：存储原始数据的 XML 文档为例 5-6 的 XML 文档。）

```
<?xml version="1.0" encoding="GB2312"?>
<xsl:stylesheet version="1.0" xmlns:xsl="http://www.w3.org/1999/XSL/Transform" xmlns:fo="http://www.w3.org/1999/XSL/Format">
<xsl:template match="/">
 <html>
   <head>
       <title>xsl:if 元素</title>
   </head>
   <body>
       <xsl:apply-templates select="学生列表"/>
   </body>
</html>
</xsl:template>
<xsl:template match="学生列表">
<h1 align="center">欢迎查看男生列表</h1>
<table align="center" border="1">
      <tr>
         <th>姓名</th>
         <th>性别</th>
         <th>专业</th>
         <th>联系方式</th>
         <th>E-mail</th>
     </tr>
     <xsl:apply-templates select="学生"/>
```

```
24 </table>
25 </xsl:template>
26 <xsl:template match="学生">
27 <xsl:if test="性别='男'">
28   <tr>
29       <th>
30           <xsl:value-of select="姓名"/>
31       </th>
32       <th>
33           <xsl:value-of select="性别"/>
34       </th>
35       <th>
36           <xsl:value-of select="专业"/>
37       </th>
38       <th>
39           <xsl:value-of select="联系方式"/>
40       </th>
41       <th>
42           <xsl:value-of select="E-mail"/>
43       </th>
44   </tr>
45 </xsl:if>
46 </xsl:template>
47 </xsl:stylesheet>
```

在上例中，第 27 行语句<xsl:if test="性别='男'">的作用是设置与它们相匹配的节点的模板，满足性别为“男”的“学生”标记才可使用该模板。

将例 5-6 的 XML 文档应用如上样式进行显示，显示效果如图 5-6 所示。

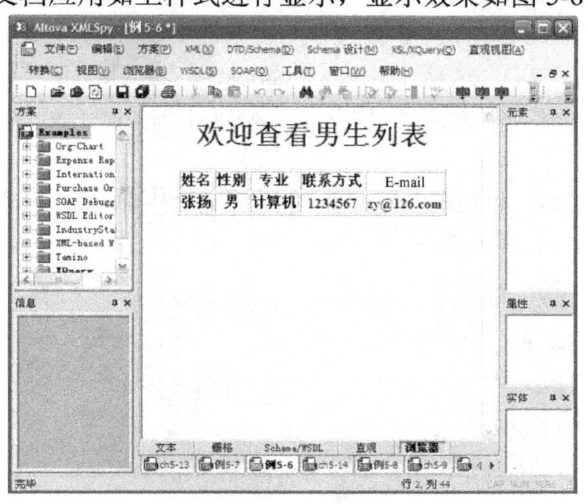

图 5-6　显示效果图

边学边做

① 试修改例 5-7 的样式表，要求显示性别为“男”的学生的“姓名”、“ID”、“专业”、“联系方式”和“E-mail”信息。

② 试修改例 5-7 的样式表，要求显示 ID 为“e01”的学生的“姓名”、“专业”、“联系方式”和“E-mail”信息。

③ 试为例 5-6 中每个学生增加元素“年龄”，然后创建一个 XSL 样式表，要求显示年龄为 18 岁以上的学生的所有信息。

2. 输出中多条件判断

在 XSL 中，使用<xsl:if>只能进行单条件判断，多条件判断则需要使用<xsl:choose>和它的两个子元素<xsl:when>和<xsl:otherwise>的组合。输出中多条件判断的基本语法如下：

```
<xsl:choose>
   <xsl:when test="测试条件 1">
   <!--处理语句-->
   </xsl:when>
   <xsl:when test="测试条件 2">
   <!--处理语句-->
   </xsl:when>
   ......
   <xsl:otherwise>
   <!--处理语句-->
   </xsl:otherwise>
</xsl:choose>
```

在<xsl:choose>标记对之间，每个条件均由<xsl:when>的 test 属性指定，该属性的设置方法与<xsl:if>元素的 test 属性的设定方法完全相同。XSL 处理器在执行时，首先从第一个<xsl:when>开始寻找，若其中的一个 test 条件满足，则执行该<xsl:when></xsl:when>标记对之间的内容，执行完毕后跳出<xsl:choose></xsl:choose>标记对。否则，继续向后寻找是否有和 test 条件相匹配的，若没有，则执行<xsl:otherwise></xsl:otherwise>标记对之间的内容。

【例 5-8】利用<xsl:choose>元素显示所有学生的信息，要求依据学生性别的不同使用不同的背景颜色。（注：存储原始数据的 XML 文档为例 5-6 的 XML 文档。）

```
<?xml version="1.0" encoding="GB2312"?>
<xsl:stylesheet  version="1.0"  xmlns:xsl="http://www.w3.org/
1999/XSL/ Transform" xmlns:fo="http://www.w3.org/1999/XSL/Format">
<xsl:template match="/">
   <html>
      <head>
```

```
            <title>xsl:choose 元素的使用</title>
        </head>
        <body>
            <xsl:apply-templates select="学生列表"/>
        </body>
    </html>
</xsl:template>
<xsl:template match="学生列表">
    <h1 align="center">欢迎查看学生列表</h1>
    <table align="center" border="1">
            <tr>
                <th>姓名</th>
                <th>性别</th>
                <th>专业</th>
                <th>联系方式</th>
                <th>E-mail</th>
            </tr>
            <xsl:apply-templates select="学生"/>
    </table>
</xsl:template>
<xsl:template match="学生">
    <xsl:choose>
        <xsl:when test="性别='男'">
            <tr bgcolor="#cccccc">
                <th>
                    <xsl:value-of select="姓名"/>
                </th>
                <th>
                    <xsl:value-of select="性别"/>
                </th>
                <th>
                    <xsl:value-of select="专业"/>
                </th>
                <th>
                    <xsl:value-of select="联系方式"/>
                </th>
                <th>
                    <xsl:value-of select="E-mail"/>
                </th>
            </tr>
```

```
        </xsl:when>
        <xsl:otherwise>
        <tr bgcolor="#00ffff">
            <th>
                    <xsl:value-of select="姓名"/>
                </th>
                <th>
                    <xsl:value-of select="性别"/>
                </th>
                <th>
                    <xsl:value-of select="专业"/>
                </th>
                <th>
                    <xsl:value-of select="联系方式"/>
                </th>
                <th>
                    <xsl:value-of select="E-mail"/>
                </th>
        </tr>
        </xsl:otherwise>
    </xsl:choose>
</xsl:template>
</xsl:stylesheet>
```

将例 5-6 的 XML 文档应用于如上样式进行显示，显示效果如图 5-7 所示。

图 5-7　显示效果图

试使用<xsl:if>元素修改例 5-8，要求其实现的效果不变。

3. 对输出结果进行排序

在 XSL 中可以使用<xsl:sort>元素对输出结果进行排序。<xsl:sort>元素作为<xsl:apply-templates>或<xsl:for-each>的子元素，可对输出元素按指定的关键字顺序进行排序，其主要属性如下。

（1）select 属性：设置排序的关键字。

（2）order 属性：设置排序的次序，“ascending”为升序，“descending”为降序。

（3）data-type 属性：设置排序是否按数字或文本进行，“number”为数字，“text”为文本。

在默认情况下，<xsl:sort>元素按关键字的字母顺序进行排序。若同时存在多个<xsl:sort>元素，此时输出内容首先按第一个关键字进行排序，然后按第二个关键字进行排序，以此类推。

【例 5-9】利用<xsl:sort>元素对输出结果进行排序，要求依据学生的姓名进行降序排序。（注：存储原始数据的 XML 文档为例 5-6 的 XML 文档。）

```
<?xml version="1.0" encoding="GB2312"?>
<xsl:stylesheet version="1.0" xmlns:xsl="http://www.w3.org/1999/
XSL/ Transform" xmlns:fo="http://www.w3.org/1999/XSL/Format">
<xsl:template match="/">
  <html>
     <head>
        <title>排序显示学生信息</title>
     </head>
     <body>
        <xsl:apply-templates select="学生列表"/>
     </body>
  </html>
</xsl:template>
<xsl:template match="学生列表">
  <h1 align="center">欢迎查看学生列表</h1>
  <table align="center" border="1">
        <tr>
           <th>姓名</th>
           <th>性别</th>
           <th>专业</th>
           <th>联系方式</th>
           <th>E-mail</th>
        </tr>
```

```
            <xsl:apply-templates select="学生">
               <xsl:sort select="姓名" order="descending"/>
            </xsl:apply-templates>
      </table>
   </xsl:template>
   <xsl:template match="学生">
      <tr>
         <th>
            <xsl:value-of select="姓名"/>
         </th>
         <th>
            <xsl:value-of select="性别"/>
         </th>
         <th>
            <xsl:value-of select="专业"/>
         </th>
         <th>
            <xsl:value-of select="联系方式"/>
         </th>
         <th>
            <xsl:value-of select="E-mail"/>
         </th>
      </tr>
   </xsl:template>
   </xsl:stylesheet>
```

将例 5-6 的 XML 文档应用于如上样式进行显示，显示效果如图 5-8 所示。

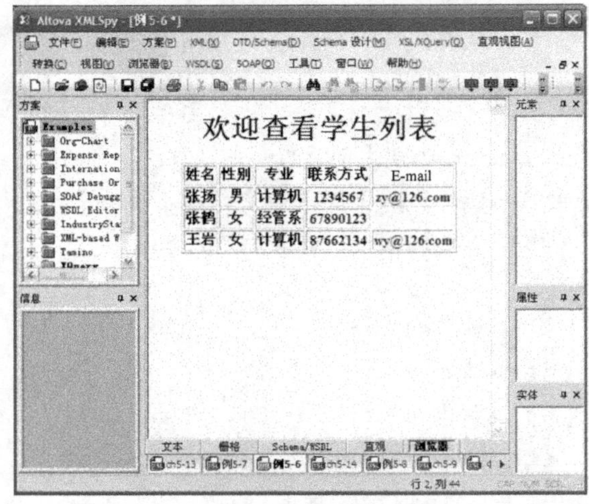

图 5-8　显示效果图

5.4 XSL 与 XPath

由第 5.3 节可知，要将 XML 文档中的数据通过 XSL 样式表显示，最重要的是如何获取节点，即通过 XPath 表达式设置 select 或 match 属性的值。

XML 文档被 XSL 处理器看做一棵源树，在转换 XML 文档时，可能需要处理其中的一部分数据，那么如何查找和定位 XML 源树中的信息呢？XPath 就是一种专门用来在 XML 文档中查找信息的语言，XPath 可用来在 XML 文档中对元素和属性进行遍历。本节将对 XPath 表达式展开详细讨论。

5.4.1 XPath 节点

在 XPath 中，有 7 种类型的节点：元素、属性、文本、命名空间、处理指令、注释及文档（根）节点。XML 文档是被作为节点树来对待的。树的根被称为文档节点或根节点。

【例 5-10】XML 文档。

```
<?xml version="1.0" encoding="GB2312"?>
<书店>
<书>
  <名称 语言="英语">Harry Potter</名称>
  <作者>J.K. Rowling</作者>
  <年份>2005</年份>
  <定价>29.99</定价>
</书>
</书店>
```

上述 XML 文档中存在以下类型的节点。

（1）文档节点：<书店>。

（2）元素节点：如<作者>等。

（3）属性节点：如语言等。

（4）基本值节点：如 J.K. Rowling、英语等。

边学边做

试指出上述 XML 文档中所有节点所属的类型。

在 XPath 中，节点之间存在如下关系。

1. 父

每个元素及属性都有一个“父”。例如，例 5-10 中，元素“书”是“作者”、“年份”、

“定价”元素的父。

2. 子

元素节点可有零个、一个或多个子。例如，例 5-10 中，元素“作者”、“年份”和“定价”都是元素“书”的子。

3. 同胞

拥有相同父节点的节点称为同胞。例如，例 5-10 中，元素“名称”、“作者”、“年份”和“定价”都是同胞。

4. 祖先

某节点的父元素，父元素的父元素，以此类推，统称为该元素的祖先。例如，例 5-10 中，元素“名称”的祖先是“书”和“书店”。

5. 后代

某个节点的子元素、子元素的子元素，以此类推，统称为该元素的后代。例如，例 5-10 中，元素“书店”的后代是“书”、“名称”、“作者”、“年份”和“定价”。

5.4.2 XPath 语法

XPath 使用路径表达式来选取 XML 文档中的节点或节点集。节点是通过沿着路径（Path）或步（Steps）来选取的。

【例 5-11】XML 文档。

```
<?xml version="1.0" encoding="GB2312"?>
<bookstore>
<book>
  <title lang="eng">Harry Potter</title>
  <price>29.99</price>
</book>
<book>
  <title lang="eng">Learning XML</title>
  <price>39.95</price>
</book>
</bookstore>
```

下面所讲的例子均使用上述 XML 文档。

1. 路径表达式

XPath 通过路径表达式，从 XML 源文档中选取节点或节点集，然后配合 XSL 完成各项操作。表 5-7 列举了最常用的路径表达式。

表 5-7　常用的路径表达式

表达式	描　述
nodename	选取此节点的所有子节点
/	从根节点选取
//	从匹配选择的当前节点选择文档中的节点，而不考虑它们的位置
.	选取当前节点
..	选取当前节点的父节点
@	选取属性

参考例 5-11 的 XML 文档，列举出一些路径表达式及结果，如表 5-8 所示。

表 5-8　路径表达式及结果

路径表达式	结　果
bookstore	选取 bookstore 元素的所有子节点
/bookstore	选取根元素 bookstore 注释：假如路径起始于正斜杠“/”，则此路径始终代表到某元素的绝对路径
bookstore/book	选取所有属于 bookstore 的子元素的 book 元素
//book	选取所有 book 子元素，而不管它们在文档中的位置
bookstore//book	选择所有属于 bookstore 元素的后代的 book 元素，而不管它们位于 bookstore 之下的什么位置
//@lang	选取所有名为 lang 的属性

2. 谓语

谓语用来查找某个特定的节点或者包含某个指定的值的节点。谓语被嵌在方括号中。表 5-9 给出了带谓语的一些路径表达式及表达式结果。

表 5-9　带谓语的路径表达式及结果

路径表达式	结　果
/bookstore/book[1]	选取属于 bookstore 子元素的第一个 book 元素
/bookstore/book[last()]	选取属于 bookstore 子元素的最后一个 book 元素
/bookstore/book[last()-1]	选取属于 bookstore 子元素的倒数第二个 book 元素
/bookstore/book[position()<3]	选取最前面的两个属于 bookstore 元素的子元素的 book 元素
//title[@lang]	选取所有拥有名为 lang 的属性的 title 元素
//title[@lang='eng']	选取所有 title 元素，且这些元素拥有值为 eng 的 lang 属性
/bookstore/book[price>35.00]	选取所有 bookstore 元素的 book 元素，且其中的 price 元素的值须大于 35.00
/bookstore/book[price>35.00]/title	选取所有 bookstore 元素中的 book 元素的 title 元素，且其中的 price 元素的值须大于 35.00

3. 选取未知节点

XPath 可用通配符来选取未知的 XML 元素。表 5-10 给出了 XPath 中常用的通配符。

表 5-10　XPath 中常用的通配符

通配符	描　述
*	匹配任何元素节点
@*	匹配任何属性节点
node()	匹配任何类型的节点

表 5-11 给出了使用通配符的实例。

表 5-11　通配符实例

路径表达式	结　果
/bookstore/*	选取 bookstore 元素的所有子节点
//*	选取文档中的所有元素
//title[@*]	选取所有带有属性的 title 元素

5.4.3　XPath 运算符

XPath 路径表达式的返回值包括节点集、字符串、布尔值和数字 4 种类型，通过运算符可以运算出结果并加以返回。表 5-12 给出了 XPath 表达式中常用的运算符及实例。

表 5-12　XPath 运算符

运 算 符	描　述	实　例	返 回 值
|	计算两个节点集	//book | //cd	返回所有带有 book 和 cd 元素的节点集
+	加法	6 + 4	10
-	减法	6 - 4	2
*	乘法	6 * 4	24
div	除法	8 div 4	2
=	等于	price=9.80	如果 price 是 9.80，则返回 true 如果 price 是 9.90，则返回 false
!=	不等于	price!=9.80	如果 price 是 9.90，则返回 true 如果 price 是 9.80，则返回 false
<	小于	price<9.80	如果 price 是 9.00，则返回 true 如果 price 是 9.90，则返回 false
<=	小于或等于	price<=9.80	如果 price 是 9.00，则返回 true 如果 price 是 9.90，则返回 false
>	大于	price>9.80	如果 price 是 9.90，则返回 true 如果 price 是 9.80，则返回 false
>=	大于或等于	price>=9.80	如果 price 是 9.90，则返回 true 如果 price 是 9.70，则返回 false
or	或	price=9.80 or price=9.70	如果 price 是 9.80，则返回 true 如果 price 是 9.50，则返回 false
and	与	price>9.00 and price<9.90	如果 price 是 9.80，则返回 true 如果 price 是 8.50，则返回 false
mod	计算除法的余数	5 mod 2	1

边学边做

现有如下 XML 文档：

```
<?xml version="1.0" encoding="GB2312"?>
<学生列表>
    <学生>
        <姓名 ID="e01">张扬</姓名>
```

```
        <性别>男</性别>
        <年龄>18</年龄>
        <专业>计算机</专业>
        <联系方式>1234567</联系方式>
       <E-mail>zy@126.com</E-mail>
    </学生>
    <学生>
        <姓名 ID="e02">王岩</姓名>
        <性别>女</性别>
        <年龄>20</年龄>
        <专业>计算机</专业>
        <联系方式>87662134</联系方式>
       <E-mail>wy@126.com</E-mail>
    </学生>
    <学生>
        <姓名 ID="e03">张鹤</姓名>
        <性别>女</性别>
        <年龄>19</年龄>
        <专业>经管系</专业>
        <联系方式>67890123</联系方式>
    </学生>
</学生列表>
```

试编写一个 XSL 样式表，要求筛选出年龄在 18 岁以上且性别为女的学生的信息并进行显示。

5.5 饭店菜单的 XSL 实例

菜单.xml：

```
<?xml version="1.0" encoding="GB2312"?>
<?xml-stylesheet type="text/xsl" href="菜单.xsl"?>
<中餐价目表>
    <食品>
        <名称>鱼香肉丝</名称>
        <价格>10 元</价格>
        <描述>正宗的四川口味</描述>
        <状态>有售</状态>
    </食品>
    <食品>
```

```
            <名称>水煮鱼片</名称>
            <价格>25 元</价格>
            <描述>一道名菜！麻辣鲜香！</描述>
            <状态>有售</状态>
        </食品>
        <食品>
            <名称>熊掌鲍鱼</名称>
            <价格>300 元</价格>
            <描述>引进广州口味，希望大家喜欢！</描述>
            <状态>缺货</状态>
        </食品>
        <食品>
            <名称>天山雪莲煲</名称>
            <价格>299 元</价格>
            <描述>来自西域，品味人生！</描述>
            <状态>缺货</状态>
        </食品>
        <食品>
            <名称>麻婆豆腐</名称>
            <价格>20 元</价格>
            <描述>四川口味就是好！</描述>
            <状态>有售</状态>
        </食品>
    </中餐价目表>
```

菜单.xsl：

```
    <?xml version="1.0" encoding="GB2312"?>
    <xsl:stylesheet version="1.0" xmlns:xsl="http://www.w3.org/1999/
XSL/ Transform" xmlns:fo="http://www.w3.org/1999/XSL/Format">
    <xsl:template match="/">
        <html>
            <body
style="font-family:Arial,helvetica,sans-serif;font-size:
12pt;background-color:#fefefe">
                <xsl:for-each select="中餐价目表/食品">
                    <div style="background-color:red;color:white;
padding:4px">
                        <span style="font-weight:bold;color:white">
                            <xsl:value-of select="名称"/>
                        </span>
```

```
                    <xsl:value-of select="价格"/>
                </div>
                <div style="margin-left:20px;margin-bottom:1em;
font-size:10pt">
                    <xsl:value-of select="描述"></xsl:value-of>
                    <span style="font-style:italic">
                    (<xsl:value-of select="状态"/>成都美味馆一楼)
</span>
                </div>
            </xsl:for-each>
        </body>
    </html>
</xsl:template>
</xsl:stylesheet>
```

5.6 实验指导

【实验指导】 编写 XSL 样式表

1. 实验目的

（1）掌握链接 XSL 到 XML 文档的方法。
（2）学会编写简单的 XSL 文件。

2. 实验内容

根据下述 XML 文档，编写 XSL 样式表，要求其显示效果如图 5-9 所示。

```
<BOOKS>
  <BOOK>
    <NAME ISBN="B101">VB 编程</NAME>
    <PUBLISHER>机械工业出版社</PUBLISHER>
    <PRICE>￥68</PRICE>
    <DESCRIPTION>VB 控件</DESCRIPTION>
    <STATUS>在库</STATUS>
  </BOOK>
  <BOOK>
    <NAME ISBN="B102">XML 开发指南</NAME>
    <PUBLISHER>电子工业出版社</PUBLISHER>
    <PRICE>￥34</PRICE>
    <DESCRIPTION>DTDXML</DESCRIPTION>
    <STATUS>已借阅</STATUS>
```

```
    </BOOK>
    <BOOK>
      <NAME ISBN="B103">Java</NAME>
      <PUBLISHER>电子工业出版社</PUBLISHER>
      <PRICE>￥42</PRICE>
      <DESCRIPTION>概念语法</DESCRIPTION>
      <STATUS>在库</STATUS>
    </BOOK>
    <BOOK>
      <NAME ISBN="B104">ASP.NET</NAME>
      <PUBLISHER>"人民邮电出版社"</PUBLISHER>
      <PRICE>￥72</PRICE>
      <DESCRIPTION>语法控件</DESCRIPTION>
      <STATUS>已借阅</STATUS>
    </BOOK>
</BOOKS>
```

BOOKS

NAME	PUBLISHER	PRICE	DESCRIPTION	STATUS
VB 编程	机械工业出版社	￥68	VB 控件	在库
XML 开发指南	电子工业出版社	￥34	DTDXML	已借阅
Java	电子工业出版社	￥42	概念语法	在库
ASP.NET	"人民邮电出版社"	￥72	语法控件	已借阅

图 5-9　显示效果图

3. 实验步骤

（1）打开 Altova XMLSpy 2010，选择“文件”→“新建”菜单命令，弹出如图 5-10 所示的“创建新文档”对话框。

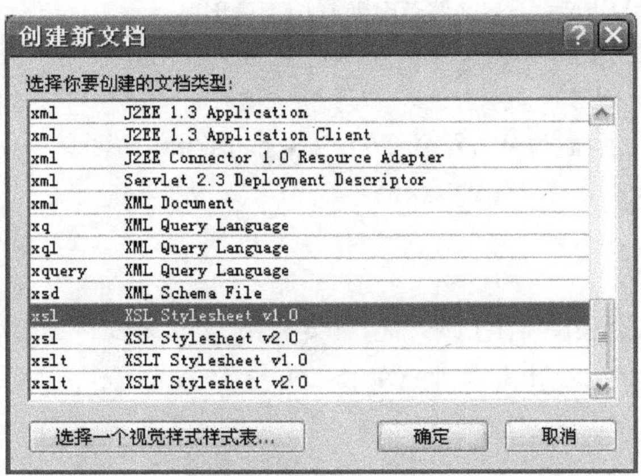

图 5-10　“创建新文档”对话框

（2）在图 5-10 所示的对话框中，选中“xsl XSL Stylesheet v1.0”一项，单击“确定”按钮，弹出如图 5-11 所示的“创建新的 XSL/XSLT 文件”对话框。

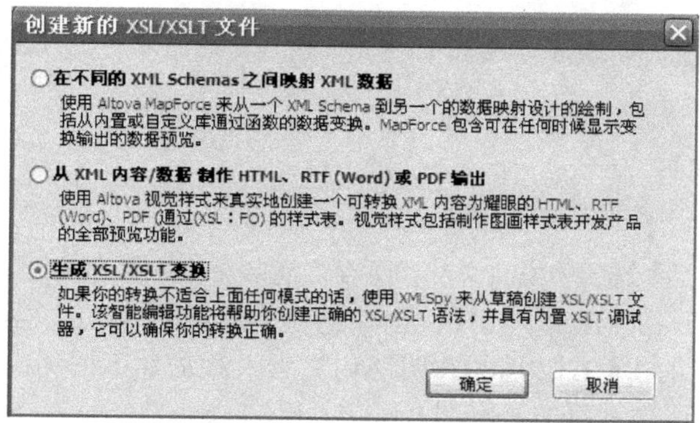

图 5-11　“创建新的 XSL/XSLT 文件”对话框

（3）在图 5-11 所示的对话框中，选中“生成 XSL/XSLT 变换”单选项，单击“确定”按钮，进入 Altova XMLSpy 的文本窗口中，开始编写 XSL 文档。

（4）输入如下的文本：

```
<?xml version="1.0" encoding="gb2312"?>
<xsl:stylesheet  version="1.0"  xmlns:xsl="http://www.w3.org/
1999/XSL/ Transform">
<xsl:output method="html" encoding="gb2312"/>
<xsl:template match="/">
  <html>
    <head>
    <title>BOOKS</title>
    </head>
    <body>
    <h2 align="center">BOOKS</h2>
      <xsl:apply-templates select="BOOKS"/>
    </body>
  </html>
</xsl:template>
<xsl:template match="BOOKS">
 <table border="1" cellspacing="0" align="center">
<tr><th>NAME</th><th>PUBLISHER</th><th>PRICE</th><th>DESCRIPTI
ON</th><th>STATUS</th></tr>
    <xsl:for-each select="BOOK">
      <tr>
        <td><xsl:value-of select="NAME"/></td>
        <td><xsl:value-of select="PUBLISHER"/></td>
        <td><xsl:value-of select="PRICE"/></td>
```

```
        <td><xsl:value-of select="DESCRIPTION"/></td>
        <td><xsl:value-of select="STATUS"/></td>
      </tr>
    </xsl:for-each>
  </table>
</xsl:template>
</xsl:stylesheet>
```

（5）输入完成后，选择“文件”→“保存”菜单命令，保存文档，文档名为“实验.xsl”。

（6）打开 Altova XMLSpy 2010，创建题目中所给的 XML 文档，步骤略。

（7）在所创建的 XML 文档的声明语句之后，添加如下语句：

```
<?xml-stylesheet type="text/xsl" href="实验.xsl"?>
```

（8）保存 XML 文档，并在浏览器中浏览，观察显示效果是否与题目中给出的效果一致。

5.7 习题

一、选择题

1. 在 XSL 样式处理 XML 文档时，直接定位在“type”属性值为“服装”的商品元素上的 XPath 表达式应该为（　　）。

A. 商品/type=“服装”　　B. 商品[type=“服装”]

C. //商品[@type=“服装”]　　D. //商品[type=“服装”]

2. 采用 XSL 样式来格式化 XML 的原理是先把 XML 文档转换成一棵结构完整的结构树，其中这棵结构树以（　　）作为根节点。

A. /　　B. 声明　　C. 根元素　　D. 处理指令

3. 样式表的根元素为（　　）。

A. xsl:stylesheet　　B. xsl:import　　C. xsl:include　　D. xsl:template

4. 在 XSL 中，匹配 XML 的根节点使用（　　）。

A. *　　B. .　　C. /　　D. XML 中根元素名称

5. 添加多个限制条件，使用（　　）分隔。

A. |　　B. ||　　C. /　　D. &

6. 下面（　　）标记是调用模板的标记。

A. xsl:apply-templates　　B. xsl:template

C. xsl:for-each　　D. xsl:if

7. 下面的符号（　　）不是在 XSL 中使用的通配符。

A. *　　B. []　　C. //　　D. ?

8. 下面（　　）不是 XSL 语言的功能。

A. 把 XML 转换为 HTML　　　　B. 格式化输出对象

C. 定义 XML 模式　　　　D. 链接不同的 XML 文档

9. 在多条件的判断语句中，获得条件的属性是（　　）。

A. match　　B. test　　C. template　　D. value

10. XSL 中用来进行节点取值的指令是（　　）。

A. <xsl:value-of>　　　　B. <xsl:template>

C. <xsl:sort>　　　　D. <xsl:apply-templates>

二、填空题

1. 将 XML 文档与 XSL 文档链接，需要设置 stylesheet 指令的 type 属性为________。

2. sort 元素允许用到________和________元素中。

3. 使用________标记可以对多个同名节点进行访问，并且该节点可以设置在显示数据的时候，按升序或降序显示。

三、编程题

根据下述 XML 文档，编写 XSL 样式表，要求按物品价格进行降序排序，显示效果如图 5-12 所示。

```
<销售记录>
   <物品>
      <物品名称>爱国者耳机</物品名称>
      <物品价格>35 元</物品价格>
   </物品>
   <物品>
      <物品名称>索尼耳机</物品名称>
      <物品价格>23 元</物品价格>
   </物品>
   <物品>
      <物品名称>铁三角耳机</物品名称>
      <物品价格>45 元</物品价格>
   </物品>
   <物品>
      <物品名称>NEC 耳机</物品名称>
      <物品价格>21 元</物品价格>
   </物品>
</销售记录>
```

铁三角耳机 45元
爱国者耳机 35元
索尼耳机 23元
NEC耳机 21元

图 5-12　显示效果图

第6章 XML文档接口DOM

DOM是XML文档对象模型，用来为XML提供一套标准的应用程序接口，以便应用程序使用该接口以一种统一的方式动态地存取XML数据。本章先就DOM的基本概念、结构及DOM对象作简单介绍，然后详细探讨如何在应用程序中使用DOM接口对XML文档进行操作。

6.1 DOM接口概述

DOM是Document Object Model的缩写，意为文档对象模型。DOM是由W3C组织定义并公布的一个标准，是一个使程序和脚本有能力动态地访问和更新文档的内容、结构及样式的平台和语言中立的接口。

前面章节中介绍的XML文档都是手动创建的，但在实际应用中，许多情况下XML文档不是手动编写的，而是根据实际需要由应用程序或脚本程序动态生成的。也就是说，需要编写一段代码或一个脚本，由它们间接地创建、访问和操作一个XML文档。

实际上，XML文档仅仅是一个文本文件，应用程序无法对其进行直接的访问与操作。因此，要访问文档中的内容，就必须首先编写一个能够识别XML文档信息的阅读器，也就是通常所说的XML语法分析器，由它来帮助解释XML文档并提取其中的内容。这样，每个人在访问与操作XML文档时，都需要自己编写一个“阅读器”，这将浪费大量的时间与精力。

受数据库的ODBC/JDBC标准接口的启发，W3C组织制定了一套书写XML分析器的接口标准DOM。有了该接口，就可以通过XML解析器，将应用程序或脚本程序与XML文档结合在一起，从而实现应用程序或脚本程序对XML文档进行访问与操作的目的了。有了DOM接口，对应用程序访问和操作XML文档的过程可以理解为：首先通过XML解析器对XML文档进行解析，然后应用程序再通过XML解析器所提供的DOM接口对解析结果进行操作，从而间接地实现对XML文档进行访问与操作的目的。

6.2 DOM 的结构

DOM 规范的核心是树模型。对于要解析的 XML 文档，DOM 解析器首先将其加载到内存中，在内存中为 XML 文件建立逻辑形式树。也就是说，DOM 就是 XML 文档在内存中的一个结构化的视图，它将 XML 文档看做一棵节点树。在这棵节点对象树中，有一个根节点——Document 节点，所有其他的节点都是根节点的后代节点。DOM 节点树生成之后，就可以通过 DOM 接口访问、修改、添加、删除及创建树中的节点和内容了。

在 DOM 中，文档的逻辑结构就像一棵树，XML 文档中的每个成分都是一个节点，那么，XML 文档中所有的元素在生成 DOM 树时使用何种节点来表示呢？为此，DOM 作了如下规定。

（1）整个文档是一个文档节点。

（2）每个 XML 标签是一个元素节点。

（3）包含在 XML 元素中的文本是文本节点。

（4）每一个 XML 属性是一个属性节点。

（5）注释属于注释节点。

表 6-1 给出了 XML 文档中的元素对应于 DOM 树的节点类型。

表 6-1　XML 文档中的元素与 DOM 树的节点类型对应表

节点类型	描　述
Document	表示整个文档（DOM 树的根节点）
ProcessingInstruction	表示 XML 文档中的一条处理指令
EntityReference	表示 XML 文档中的一个实体引用的信息
Element	表示 XML 文档中的一个元素
Attr	表示 XML 文档中的一个属性
Text	表示元素或属性中的文本内容
CDATASection	表示一个 XML 文档中的 CDATA 区段
Comment	表示 XML 文档中的注释
Entity	表示 XML 文档中的一个实体信息

【例 6-1】 XML 文档与 DOM 树。

ch6-1.xml：

```
<?xml version="1.0" encoding="GB2312"?>
<学生列表>
  <学生>
      <姓名 ID="e01">张扬</姓名>
      <性别>男</性别>
      <专业>计算机</专业>
      <联系方式>123456</联系方式>
  </学生>
</学生列表>
```

上述 XML 文档对应的 DOM 树如图 6-1 所示。

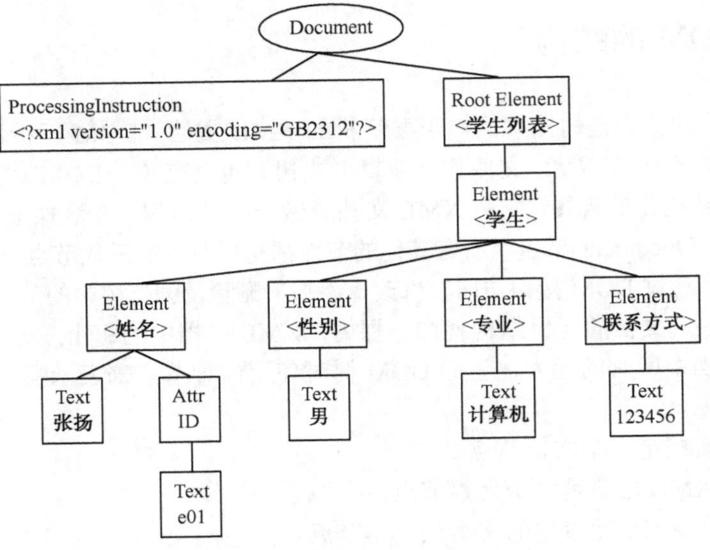

图 6-1　XML 文档对应的 DOM 树

边学边做

试画出下述 XML 文档对应的 DOM 树。

```
<?xml version ="1.0" encoding ="GB2312" ?>
<!--以下是一个使用 CDATA 节的例子-->
<program>
   <script>
      <![CDATA[
        if(a<b) then max=b
      ]]>
   </script>
</program>
```

从图 6-1 可以看出，在这棵 DOM 树中，XML 文档的所有内容都是由节点来表示的，一个节点可以包含其他的节点，节点本身又含有节点名字、节点值和节点类型等信息。通过 DOM 可以把具体的文档模型化，这种模型不仅描述了文档的结构，还定义了对象的行为。在 DOM 中，对象模型要实现以下功能。

（1）用来表示操作文档的接口。

（2）接口的行为和属性。

（3）接口之间的关系及互操作。

6.3 DOM 对象

6.3.1 DOM 基本接口

在DOM接口标准中，有4个基本接口：Document、Node、NodeList和NamedNodeMap。在这4个基本接口中，Document接口是对文档进行操作的入口，它是从Node接口继承过来的。Node接口是其他大多数接口的父类，像Document、Element、Attribute、Text和Comment等接口都是从Node接口继承过来的。NodeList接口是一个节点的集合，它包含了某个节点中所有的子节点。NamedNodeMap接口也是一个节点的集合，通过该接口，可以建立节点名和节点之间的一一映射关系，从而利用节点名可以直接访问节点。下面将分别就这4个基本接口作简单介绍。

1. Document 接口

Document接口代表了整个XML文档，是整棵DOM树的根，它提供了对文档中数据进行访问和操作的入口。

由于元素、文本节点、注释和处理指令等节点均不能脱离文档的上下关系而独立存在，所以Document接口提供了创建其他节点对象的方法，通过该方法创建的节点对象都有一个ownerDocument属性，用来表明当前节点是由谁创建的及节点同Document之间的联系。

在DOM树中，Document接口同其他接口之间的关系如图6-2所示。

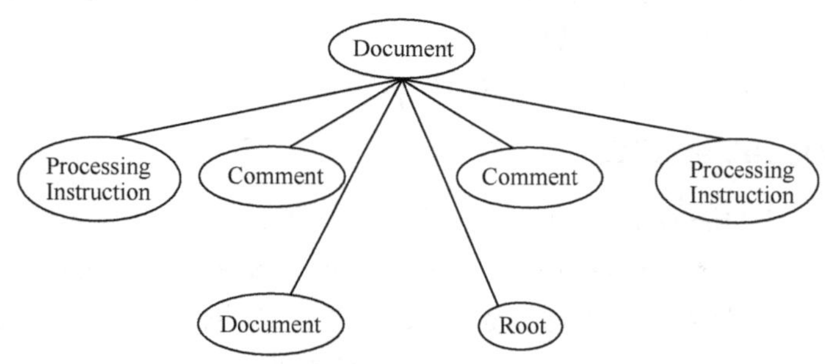

图 6-2 DOM 接口同其他接口之间的关系

从图6-2可以看出，Document节点是DOM树中的根节点，即对XML文档进行操作的入口节点。通过Document节点，可以访问到文档中的其他节点，如处理指令、注释、文档类型及XML文档的根元素节点等。值得说明的是，在一棵DOM树中，Document节点可以包含多个处理指令、多个注释作为其子节点，而文档类型节点和XML文档根元素节点（Root）都是唯一的。

2. Node 接口

Node接口在整个DOM树中具有举足轻重的地位，DOM接口中有很大一部分的接口都是从Node接口继承过来的，如Element、Attr和CDATASection等接口。在DOM树中，Node接口代表了树中的一个节点。一个典型的Node接口如图6-3所示。

从图6-3可以看出，Node接口提供了访问DOM树中元素内容与信息的途径，并提供对DOM树中元素进行遍历的支持。

3. NodeList 接口

NodeList 接口提供了对节点集合的抽象定义，它并不包含如何实现这个节点集的定义。NodeList 用于表示有顺序关系的一组节点，比如某个节点的子节点序列。另外，NodeList 还经常出现在一些方法的返回值中，如 GetNodeByName()。

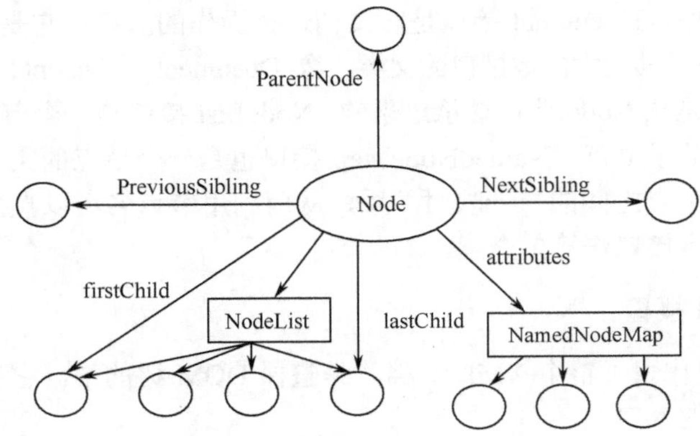

图 6-3　Node 接口示意图

在 DOM 中，NodeList 对象是“活动”的。也就是说，对文档的改变会直接反映到相关的 NodeList 对象中。例如，如果通过 DOM 获得一个 NodeList 对象，该对象中包含了某个 Element 节点的所有子节点的集合，那么，当再通过 DOM 对 Element 节点进行操作（比如添加、删除和改动节点中的子节点）时，这些改变将会自动反映到 NodeList 对象中，而不需要应用程序再做其他额外操作。

NodeList 中每个 Item 都可以通过索引来访问，该索引值从 0 开始。

4. NamedNodeMap 接口

实现 NamedNodeMap 接口的对象中包含了可以通过名字来访问的一组节点的集合。要注意的是，NamedNodeMap 并不是从 NodeList 继承过来的，它所包含的节点集中的节点是无序的。尽管这些节点也可以通过索引来访问，但这只是提供了枚举 NamedNodeMap 中所包含节点的一种简单方法，并不表明在 DOM 标准中为 NamedNodeMap 中的节点规定了一种排列顺序。

NamedNodeMap 表示的是一组节点和其唯一名字的一一对应关系，这个接口主要用在属性节点的表示上。

与 NodeList 相同，在 DOM 中，NamedNodeMap 对象也是“活动”的。

6.3.2　DOM 基本对象

DOM 是用对象的方法将一个与之相关联的 XML 文档模型化，所以，在 DOM 对象模型中所定义的接口其本质上是定义 DOM 的对象。DOM 使用不同的对象来代替 XML 文档的不同部分，并使用这些对象的方法和属性以访问所链接的 XML 文档。在 DOM 中，有如下几种常用的对象。

1. Document 对象

Document 对象又称为文档对象，代表整个 XML 文档。Document 对象是整个 XML 文档操作的入口，若对一个 XML 文档进行操作，则首先创建该对象，然后再根据需要进行其他的操作。

Document 对象的属性及其含义如表 6-2 所示。

表 6-2 Document 对象的属性及其含义表

属 性	含 义
async	规定 XML 文件的下载是否应当被同步处理
childNodes	返回属于文档的子节点的节点列表
doctype	返回与文档相关的文档类型声明（DTD）
documentElement	返回文档的根节点
documentURI	设置或返回文档的位置
domConfig	返回 normalizeDocument()被调用时所使用的配置
firstChild	返回文档的首个子节点
implementation	返回处理该文档的 DOMImplementation 对象
inputEncoding	返回用于文档的编码方式（在解析时）
lastChild	返回文档的最后一个子节点
nodeName	依据节点的类型返回其名称
nodeType	返回节点的节点类型
nodeValue	根据节点的类型来设置或返回节点的值
strictErrorChecking	设置或返回是否强制进行错误检查
text	返回节点及其后代的文本（仅用于 IE）
xml	返回节点及其后代的 XML（仅用于 IE）
xmlEncoding	返回文档的编码方法
xmlStandalone	设置或返回文档是否为 Standalone
xmlVersion	设置或返回文档的 XML 版本

Document 对象的常用方法及其说明如表 6-3 所示。

表 6-3 Document 对象的常用方法及其说明表

方 法	说 明
createAttribute(name)	创建拥有指定名称的属性节点，并返回新的 Attr 对象
createElement()	创建元素节点
createCDATASection()	创建 CDATA 区段节点
createComment()	创建注释节点
createTextNode()	创建文本节点
getElementById()	查找具有指定的唯一 ID 的元素
getElementsByTagName()	返回所有具有指定名称的元素节点
loadXML()	通过解析 XML 标签字符串来组成文档
renameNode()	重命名元素或属性节点

2. Node 对象

Node 对象也就是节点对象，代表文档树中的一个节点。Node 对象是整个 DOM 中的主要数据类型，节点可以是元素节点、文本节点、属性节点等。需要说明的是，虽然所有的对象均能继承用于处理父节点和子节点的属性和方法，但是并不是所有的对象都拥有父节点或子节点的，比如文本节点不能拥有子节点，所以向类似节点中添加子节点就会导致DOM错误。

Node对象的属性及其含义如表6-4所示。

表 6-4 Node 对象的属性及其含义表

属 性	含 义
baseURI	返回节点的绝对基准 URI
childNodes	返回节点到子节点的节点列表
firstChild	返回节点的首个子节点
lastChild	返回节点的最后一个子节点
localName	返回节点的本地名称
namespaceURI	返回节点的命名空间 URI
nextSibling	返回节点之后紧跟的同级节点
nodeName	根据类型返回节点的名称
nodeType	返回节点的类型
nodeValue	根据其类型设置或返回节点的值
ownerDocument	返回节点的根元素（Document 对象）
parentNode	返回节点的父节点
prefix	设置或返回节点的命名空间前缀
previousSibling	返回节点之前紧跟的同级节点
textContent	设置或返回节点及其后代的文本内容
text	返回节点及其后代的文本（IE 独有的属性）
xml	返回节点及其后代的 XML（IE 独有的属性）

Node对象的常用方法及其说明如表6-5所示。

表 6-5 Node 对象的常用方法及其说明表

方 法	说 明
appendChild()	向节点的子节点列表的结尾添加新的子节点
hasAttributes()	判断当前节点是否拥有属性
hasChildNodes()	判断当前节点是否拥有子节点
insertBefore()	在指定的子节点前插入新的子节点
isEqualNode()	检查两个节点是否相等
removeChild()	删除（并返回）当前节点的指定子节点
replaceChild()	用新节点替换一个子节点
selectNodes()	用一个 XPath 表达式查询选择节点
selectSingleNode()	查找和 XPath 查询匹配的一个节点
transformNode()	使用 XSLT 把一个节点转换为一个字符串

3. NodeList 对象

NodeList对象代表一个有顺序的节点列表，节点的顺序就是它们在XML文档中出现的顺序。NodeList对象的属性及其含义如表6-6所示。

表 6-6 NodeList 对象的属性及其含义表

属 性	含 义
length	返回节点列表中的节点数目

NodeList 对象的方法及其说明如表 6-7 所示。

表 6-7　NodeList 对象的方法及其说明表

方　法	说　明
item	返回节点列表中处于指定的索引号的节点

4. Element 对象

Element 对象表示 XML 文档中的元素。元素可以包含属性、其他元素或文本，如果元素含有文本，则在文本节点中表示该文本。值得说明的是，文本永远存储在文本节点中，即使最简单的元素节点之下也拥有文本节点。比如<年份>2010</年份>，存在一个元素节点“年份”，同时此节点下存在一个文本节点“2010”。

Element 对象的属性及其含义如表 6-8 所示。

表 6-8　Element 对象的属性及其含义表

属　性	含　义
attributes	返回元素的属性的 NamedNodeMap
childNodes	返回元素的子节点的 NodeList
firstChild	返回元素的首个子节点
lastChild	返回元素的最后一个子节点
localName	返回元素名称的本地部分
namespaceURI	返回元素的命名空间 URI
nextSibling	返回元素之后紧跟的同级节点
nodeName	返回节点的名称，依据其类型
nodeType	返回节点的类型
ownerDocument	返回元素所属的根元素（Document 对象）
parentNode	返回元素的父节点
prefix	设置或返回元素的命名空间前缀
previousSibling	返回元素之前紧随的同级节点
tagName	返回元素的名称
textContent	设置或返回元素及其后代的文本内容
text	返回节点及其后代的文本
xml	返回节点及其后代的 XML

Element 对象的方法及其说明如表 6-9 所示。

表 6-9　Element 对象的方法及其说明表

方　法	说　明
appendChild()	向节点的子节点列表末尾添加新的子节点
cloneNode()	克隆节点
getAttribute()	返回属性的值
getElementsByTagName()	找到具有指定标签名的子孙元素
hasAttribute()	返回元素是否拥有指定的属性
hasAttributes()	返回元素是否拥有属性
hasChildNodes()	返回元素是否拥有子节点
insertBefore()	在已有的子节点之前插入一个新的子节点
isEqualNode()	检查两节点是否相等
isSameNode()	检查两节点是否为同一节点

续表

方　法	说　明
removeAttribute()	删除指定的属性
removeAttributeNode()	删除指定的属性节点
removeChild()	删除子节点
replaceChild()	替换子节点
setAttribute()	添加新属性
setAttributeNode()	添加新的属性节点

5．Attr 对象

Attr 对象表示 Element 对象的属性。值得说明的是，属性无法拥有父节点，也不能被认为是元素的子节点。

Attr 对象的属性及其含义如表 6-10 所示。

表 6-10　Attr 对象的属性及其含义表

属　性	含　义
isID	如果属性是 ID 类型，则返回 True，否则返回 False
localName	返回属性名称的本地部分
name	返回属性的名称
namespaceURI	返回属性的命名空间 URI
nodeName	依据其类型返回节点的名称
nodeType	返回节点的类型
nodeValue	根据类型设置或返回节点的值
ownerDocument	返回属性所属的根元素（Document 对象）
ownerElement	返回属性所附属的元素节点
prefix	设置或返回属性的命名空间前缀
textContent	设置或返回属性的文本内容
text	返回属性的文本
value	设置或返回属性的值
xml	返回属性的 XML

6.4　DOM 的使用

了解了 DOM 的基本概念和 DOM 对象的常用属性及方法之后，本节将学习如何使用这些对象对 XML 文档中的数据作出相应的操作，本节中所有的程序都是用 JavaScript 语言实现的。

6.4.1　创建 DOM 对象

要对 XML 文档进行操作，首先需要创建 Document 对象，获得对 XML 文档操作的入口。

【例 6-2】创建 Document 对象。

```
//定义变量 XMLDoc
```

```
var XMLDoc;
//将该变量赋予XML Document对象类型
XMLDoc=new ActiveXObject("Microsoft.XMLDOM");
```

上例创建了一个 Document 对象 XMLDoc。

6.4.2 加载 XML 文档

创建了 Document 对象之后，就得到了对 XML 文档操作的入口。那么，所创建的文档对象是如何同实际的 XML 文档关联到一起的呢？

在 W3C 的接口标准中，没有定义 DOM 中的接口对象同实际 XML 文档相关联的方法。不同的 XML 分析器所提供的加载 XML 文档的方法也不尽相同。在微软公司的 MSXML 中，提供了一个 load 方法来加载 XML 文档，以建立 DOM 树同 XML 文档之间的关联。

【例 6-3】将 Document 对象与 XML 文档进行关联。

```
//禁止异步加载，即当文档加载完毕后，控制权才会返回给调用进程
XMLDoc.async=false;
//加载例6-1创建的XML文档
XMLDoc.load("ch6-1.xml");
```

该文档加载后，就在内存中形成了一棵如图 6-1 所示的 DOM 树。

6.4.3 遍历 XML 文档

创建 Document 对象并加载 XML 文档之后，若要获取文档中所需内容，则需要对 DOM 树进行遍历。

【例 6-4】对 DOM 树进行简单遍历。

```
//定义变量root
var root;
//将root赋予XML文档根元素所对应的节点
root=XMLDoc.documentElement;
//定义变量studentNode
var studentNode;
//将studentNode赋予根元素的第一个子节点
studentNode=root.childNodes.item(0);
//定义变量studentName
var studentName;
//将studentName赋予“学生”节点的第一个子节点
studentName=studentNode.childNodes.item(0);
//定义变量textNode
var textNode;
//将textNode赋予“姓名”节点的第一个子节点
textNode=studentName.childNodes.item(0);
```

```
//定义变量 nameText
var nameText;
//将 nameText 赋予“姓名”节点的文本节点的内容
nameText=textNode.nodeValue;
```

上例运行后，**nameText** 的值为“张扬”。其中，遍历文档时各变量与 DOM 树中节点的对应情况如图 6-4 所示。

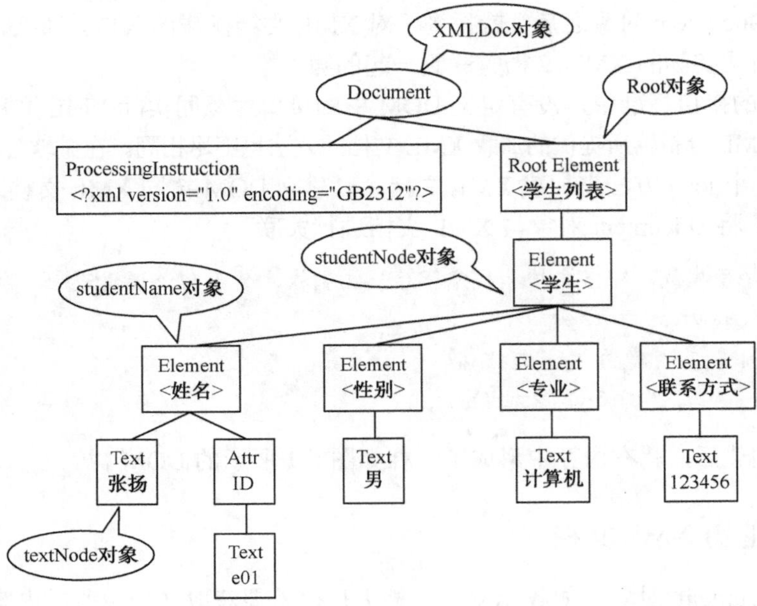

图 6-4　遍历文档时各变量与 DOM 树节点的对应情况

边做边想

① 若要获取学生“张扬”的 ID 值，该如何编写程序？

② 若要获取学生“张扬”的各项信息，该如何编写程序？

6.4.4　DOM 接口应用

【例 6-5】查找某特定节点。

```
<script language="JavaScript">
//定义变量 XMLDoc
var XMLDoc;
//将该变量赋予 XML Document 对象类型
XMLDoc=new ActiveXObject("Microsoft.XMLDOM");
//禁止异步加载，即当文档加载完毕后，控制权才会返回给调用进程
XMLDoc.async=false;
//加载例 6-1 创建的 XML 文档
```

```
XMLDoc.load("ch6-1.xml");
//定义变量 root
var root;
//将 root 赋予 XML 文档根元素所对应的节点
root=XMLDoc.documentElement;
//定义变量 studentNode
var studentNode;
//将 studentNode 赋予根元素的第一个子节点
studentNode=root.childNodes.item(0);
for(var i=0;i<studentNode.childNodes.length;i++)
{
   if(studentNode.childNodes(i).text=="张扬")
   {
       alert("找到姓名为张扬的学生！");
}
i= studentNode.childNodes.length;
}
</script>
```

将上述代码嵌入 HTML 文件中，在浏览器中浏览，程序运行结果如图 6-5 所示。

图 6-5　程序运行结果

边做边想

若例 6-1 的 XML 文档变为如下文档，则例 6-5 是否仍然能实现“查找姓名为张扬的学生”的功能？

```
<?xml version="1.0" encoding="GB2312"?>
<学生列表>
   <软件 07 级>
       <学生>
           <姓名 ID="e01">张扬</姓名>
           <性别>男</性别>
           <联系方式>123456</联系方式>
       </学生>
   </软件 07 级>
</学生列表>
```

6.5 DOM 对文档的操作

应用 DOM 接口，不仅可以加载和遍历 XML 文档，而且还可以动态地创建 XML 文档，以及添加、删除和修改 DOM 树中的节点和内容。

6.5.1 动态创建 XML 文档

【例 6-6】动态创建 XML 文档。

```
<% @language="javascript" %>
<%
//定义变量 XMLDoc
var XMLDoc;
//将该变量赋予 XML Document 对象类型
XMLDoc=new ActiveXObject("Microsoft.XMLDOM");
XMLDoc.load("<?xml version="1.0" encoding="GB2312"><学生列表></
学生列表>");
XMLDoc.save(Server.MapPath("student.xml"));
%>
```

本例代码执行的结果是在指定的目录中动态生成一个 XML 文档，其内容如下：

```
<?xml version="1.0" encoding="GB2312">
<学生列表>
</学生列表>
```

6.5.2 添加子元素

【例 6-7】向例 6-1 的 XML 文档中添加子元素。

```
<% @language="javascript" %>
<%
//定义变量 XMLDoc
var XMLDoc;
//将该变量赋予 XML Document 对象类型
XMLDoc=new ActiveXObject("Microsoft.XMLDOM");
//禁止异步加载，即当文档加载完毕后，控制权才会返回给调用进程
XMLDoc.async=false;
//加载例 6-1 创建的 XML 文档
XMLDoc.load(Server.MapPath("ch6-1.xml"));
//定义变量 studentNode
var studentNode;
//创建元素“学生”，并将新建的元素赋给 studentNode
```

```
studentNode=XMLDoc.createElement("学生");
//定义变量 studentName
var studentName;
//创建元素“姓名”，并将新建的元素赋给 studentName
studentName= XMLDoc.createElement("姓名");
//定义变量 textNode
var textNode;
//创建文本节点，并将新建的文本节点赋给 textNode
textNode= XMLDoc.createTextNode("王艳");
//将文本节点 textNode 作为元素值加入新建元素 studentName
studentName.appendChild(textNode);
//将新建元素 studentName 作为新建元素 studentNode 的子元素
studentNode.appendChild(studentName);
//定义变量 root
var root;
//将 XML 文档的根元素“学生列表”赋予 root 变量
root=XMLDoc.documentElement;
//为元素“学生列表”添加子元素
root.appendChild(studentNode);
//保存
XMLDoc.save(Server.MapPath("ch6-1.xml"));
%>
```

边学边做

继续完成例 6-7，使其完成向 XML 文档中插入完整的学生信息的操作，包括学生的姓名、ID、性别、专业和联系方式。

6.5.3 修改元素内容

【例 6-8】修改例 6-1 的 XML 文档中某元素的内容。

```
<% @language="javascript" %>
<%
//定义变量 XMLDoc
var XMLDoc;
//将该变量赋予 XML Document 对象类型
XMLDoc=new ActiveXObject("Microsoft.XMLDOM");
//禁止异步加载，即当文档加载完毕后，控制权才会返回给调用进程
XMLDoc.async=false;
```

```
//加载例 6-1 创建的 XML 文档
XMLDoc.load(Server.MapPath("ch6-1.xml"));
//定义变量 studentNode
var studentNode;
//获取“学生”元素节点，并赋予变量 studentNode
studentNode=XMLDoc.documentElement.firstChild;
//定义变量 studentName
var studentName;
//获取 “姓名”元素节点，并赋予变量 studentName
studentName= studentNode.firstChild;
//修改“姓名”元素节点的 Text 属性
studentName.Text="张修";
//保存
XMLDoc.save(Server.MapPath("ch6-1.xml"));
%>
```

边学边做

假设例 6-1 的 XML 文档中包含多个学生信息，试修改例 6-8， 实现修改某指定学生的信息。

6.5.4 删除子元素

【例 6-9】删除例 6-1 的 XML 文档中的元素“专业”。

```
<% @language="javascript" %>
<%
//定义变量 XMLDoc
var XMLDoc;
//将该变量赋予 XML Document 对象类型
XMLDoc=new ActiveXObject("Microsoft.XMLDOM");
//禁止异步加载，即当文档加载完毕后，控制权才会返回给调用进程
XMLDoc.async=false;
//加载例 6-1 创建的 XML 文档
XMLDoc.load(Server.MapPath("ch6-1.xml"));
//定义变量 studentNode
var studentNode;
//获取“学生”元素节点，并赋予变量 studentNode
studentNode=XMLDoc.documentElement.firstChild;
//定义变量 studentDep
var studentDep;
//获取“专业”元素节点，并赋予变量 studentDep
```

```
studentDep= studentNode.childNodes(2);
//删除"专业"元素节点
studentNode.removeChild(studentDep);
//保存
XMLDoc.save(Server.MapPath("ch6-1.xml"));
%>
```

边学边做

编写程序，实现删除例 6-1 的 XML 文档中的"学生"元素。

6.6 实验指导

【实验指导】 统计 XML 文档中某元素的子元素个数

1．实验目的

（1）了解 DOM 接口。
（2）掌握 DOM 基本对象的常用属性和方法。

2．实验内容

利用 XML DOM 接口统计下面 XML 文档中"学生列表"子元素"学生"的个数。

```
<?xml version="1.0" encoding="GB2312"?>
<学生列表>
  <学生>
      <姓名 ID="e01">张扬</姓名>
      <性别>男</性别>
      <专业>计算机</专业>
      <联系方式>123456</联系方式>
  </学生>
<学生>
      <姓名 ID="e02">张贺</姓名>
      <性别>男</性别>
      <专业>计算机</专业>
      <联系方式>34567</联系方式>
  </学生>
  <学生>
      <姓名 ID="e03">王岩</姓名>
      <性别>男</性别>
      <专业>计算机</专业>
```

```
        <联系方式>13579</联系方式>
    </学生>
    <学生>
        <姓名 ID="e04">李静</姓名>
        <性别>女</性别>
        <专业>计算机</专业>
        <联系方式>45632</联系方式>
    </学生>
    <学生>
        <姓名 ID="e05">王静</姓名>
        <性别>女</性别>
        <专业>计算机</专业>
        <联系方式>56765</联系方式>
    </学生>
</学生列表>
```

3．实验步骤

（1）在 Altova XMLSpy 中，选择“文件”→“新建”菜单命令，弹出如图 6-6 所示的“创建新文档”对话框。

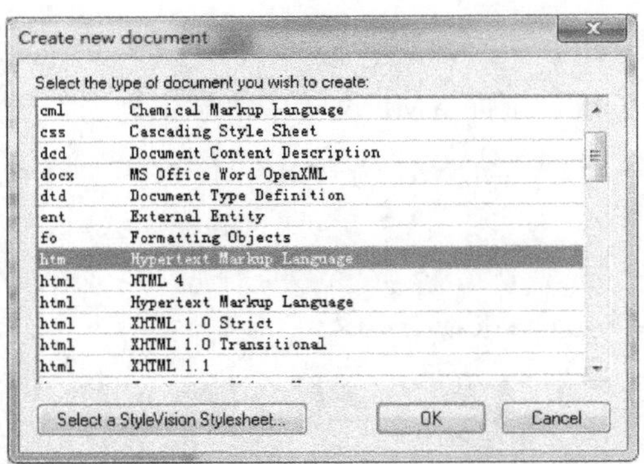

图 6-6 “创建新文档（Create new document）”对话框

（2）选中“htm Hypertext Markup Language”一项，单击“确定”按钮，进入代码编辑窗口，开始编写如下代码：

```
<script language="JavaScript">
//定义变量 XMLDoc
var XMLDoc;
//将该变量赋予 XML Document 对象类型
XMLDoc=new ActiveXObject("Microsoft.XMLDOM");
//禁止异步加载，即当文档加载完毕后，控制权才会返回给调用进程
XMLDoc.async=false;
//加载 XML 文档
```

```
XMLDoc.load("实验 6-1.xml");
//定义变量 studentNode
var studentNode;
//将 XML 文档中根元素的第一个子元素赋给 studentNode
studentNode=XMLDoc.documentElement.firstChild;
//显示 studentNode 的子元素的个数
alert(studentNode.childNodes.length);
</script>
```

（3）选择“文件”→“保存”菜单命令，保存文档，文档名为“实验 6-1.html”。

（4）在浏览器中浏览“实验 6-1.html”，程序运行结果如图 6-7 所示。

图 6-7　程序运行结果图

6.7　习题

一、选择题

1．将子节点添加到节点列表的结尾时，可使用以下方法（　　）。

A．insertChild()　　B．createElement()

C．appendChild()　　D．insertBefore()

2．以下（　　）对象是 DOM 中的节点对象。

A．Document　　B．Node　　C．Element　　D．Text

3．以下（　　）对象表示 XML 文档的根元素。

A．Document　　B．Node　　C．Element　　D．Text

4．以下（　　）属性返回 NodeList 类型。

A．firstChild　　B．lastChild

C．childNodes　　D．nodeName

5．有一个元素名称为“xt:消费金额”，则 namespaceURI 属性获得的是（　　）。

A．xt:消费金额　　B．xt

C．xt 所属的命名空间 URI　　D．消费金额

6．下面（　　）方法可以获得 XML 文件的节点树的根节点。

A．getEntities()　　B．getPublicID()

C．getDocumentElement()　　D．getWholeText()

7．删除某个标记的属性，使用（　　）方法。

A．removeAttribute(String name)　　B．removeChild(Node node)

C. replaceWholeText(String text)　　D. getNodeName()

8. 为了获得 XML 文档节点中包含的数据，需要使用（　　）节点对象。

A. Element　　B. Document　　C. Text　　D. Attr

9. 下面（　　）方法是添加节点的方法。

A. appendChild()　　B. append　　C. setChild()　　D. insertChild()

10. 为了获得 XML 文档中属性的值，需要使用（　　）节点对象。

A. Element　　B. Document　　C. Text　　D. Attr

二、填空题

1. 装载 XML 文件使用的方法为_______。
2. 创建拥有指定名称的属性节点的方法为_______。
3. _______属性返回该节点之后紧跟的同级节点。
4. DOM 是 Document Object Model 的英文缩写，翻译过来的意思是_______。
5. DOM 有 4 个基本接口，分别是：_______，_______，Node 和 NamedNodeMap。
6. 用来表示标记中包含的数据的节点对象，是用_______接口创建的。
7. XML 文件在被加载到内存中时，会被封成一个_______对象。

三、编程题

利用 XML DOM 对象，将例 6-1 的 XML 文档更改为如下的 XML 文档。

```
<?xml version="1.0" encoding="GB2312"?>
<学生列表>
   <学生>
       <姓名 ID="e01">张扬</姓名>
       <性别>男</性别>
       <专业>计算机</专业>
       <联系方式>123456</联系方式>
   </学生>
<学生>
       <姓名 ID="e02">张贺</姓名>
       <性别>男</性别>
       <专业>计算机</专业>
       <联系方式>34567</联系方式>
   </学生>
    <学生>
       <姓名 ID="e03">王岩</姓名>
       <性别>男</性别>
       <专业>计算机</专业>
       <联系方式>13579</联系方式>
   </学生>
    <学生>
```

```
        <姓名 ID="e04">李静</姓名>
        <性别>女</性别>
        <专业>计算机</专业>
        <联系方式>45632</联系方式>
    </学生>
</学生列表>
```

第 7 章 数据岛

第 5 章介绍了如何使用 CSS 和 XSL 样式表把存储在 XML 文档中的数据按某种指定的样式显示出来。除此之外，IE5.0 以上版本的浏览器支持通过创建数据岛的方式来显示 XML 文档中的数据。本章将先对数据岛作简单概述，然后详细介绍如何使用数据岛显示 XML 文档中的数据。

7.1 数据岛概述

目前，大多数 Web 程序都是将数据单独存放在数据库或数据文件中，程序员通过编写脚本程序，从数据库或数据文件中查询数据，然后将查询得到的结果以 HTML 页面的形式发送给浏览器进行显示。为了提高系统的灵活性与可扩展性，许多网站都将数据与显示分离开，HTML 虽然在数据显示方面功能强大，已被广大的 Web 开发人员所熟悉，但其不能理解所显示的数据这一缺点使得它难于满足将结构化的信息进行显示的需求，由此，诞生了数据岛。

数据岛是指存在于 HTML 网页中的 XML 代码段，这段代码嵌套在<XML>标记内，用于存放数据，形成一个数据集合。通过使用数据岛，在 HTML 文档中嵌入 XML 数据，将 HTML 与 XML 技术融合到一起，这样既可保持原始数据的意义和结构，又可充分利用 HTML 丰富多彩的显示技巧。

7.2 数据岛的使用

XML 数据岛的实现方式是在 HTML 文档中使用<XML>标签，由标记<XML>开始，在该开始标记中有一个 ID 属性，用来指明该数据岛的名称，最后以</XML>标记结束。XML 数据岛代码的嵌入方式有两种：直接嵌入和外部引用。

直接嵌入数据岛是指将 XML 文档内容放在<XML>标记中，如例 7-1 所示。

【例 7-1】直接嵌入数据岛。

```
1 <html>
2  <head>
3      <title>直接嵌入数据岛</title>
4  </head>
5  <body>
6      <xml  id="xmldata">
7      <?xml version ="1.0" encoding ="GB2312" standalone="yes" ?>
8          <学生名单>
9              <学生>
10                 <学号>2003081205</学号>
11                 <姓名>田淋</姓名>
12                 <班级>软件 0331</班级>
13             </学生>
14             <学生>
15                 <学号>2003081232</学号>
16                 <姓名>杨雪锋</姓名>
17                 <班级>软件 0332</班级>
18             </学生>
19         </学生名单>
20      </xml>
21   </body>
22 </html>
```

本例中，第 6～20 行使用<xml></xml>标记对封装 XML 数据源，属性 id 定义数据源的名称“xmldata”。

边做边想

在浏览器中浏览例 7-1 的 HTML 文档，浏览器显示的内容是什么？为什么？

外部引用数据岛是指使用<XML>标记的 src 属性将外部 XML 文档加载到 HTML 文

档中，src 属性的取值为外部 XML 文档的绝对或相对路径。

【例 7-2】外部引用数据岛。

```
1 <html>
2  <head>
3      <title>外部引用数据岛</title>
4  </head>
5  <body>
6      <xml id="xmldata" src="student.xml">
7   </body>
8 </html>
```

本例中，第 6 行使用<xml>标记的“src”属性将外部 XML 文档“student.xml”引入 HTML 文件中。

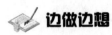

边做边想

首先创建存放学生信息的 XML 文档 student.xml，然后在浏览器中浏览例 7-2 的 HTML 文档，浏览器显示的内容是什么？为什么？

7.3 在 HTML 中显示 XML 数据

第 7.2 节虽然实现了将 XML 数据嵌到 HTML 文档，但在浏览器中浏览时发现，XML 文档的数据并没有显示到网页上，这是因为并没有在 HTML 中绑定 XML 元素，所以若要在 HTML 中显示 XML 数据，就需要使用数据绑定技术。数据绑定技术通过在 HTML 标记中添加“datasrc”和“datafld”属性，分别用于指明所链接的数据岛名称和所链接的 XML 元素名称，从而在 HTML 标记中获得 XML 元素。

在 HTML 中，并不是所有的 HTML 标记都允许绑定 XML 元素，而且对于不同的标记，其绑定的方式也不同。表 7-1 列出了能够绑定 XML 元素的 HTML 标记。

表 7-1　可以绑定 XML 元素的 HTML 标记

HTML 标记	作　用	被绑定的属性
a	创建超链接	href
applet	在页面中插入 Java 应用程序	param
button	创建按钮	innerHTML、innerText
div	创建可格式化的部分文档	innerHTML、innerText
frame	创建框架	src
iframe	创建可浮动框架	src
img	插入图像	src
input type=checkbox	创建复选框	checked
input type=hidden	创建隐藏控件	value
input type=password	创建口令输入框	value
input type=radio	创建单选按钮	checked

续表

HTML 标记	作　用	被绑定的属性
input type=text	创建文本输入框	value
label	创建标签	innerHTML、innerText
marquee	创建滚动文字	innerHTML、innerText
select	创建下拉列表	列表项目
span	创建格式化内联文本	innerHTML、innerText
textarea	创建多行文本输入区	value

说明：

（1）表中被绑定的 innerHTML 属性允许 XML 元素内容中出现 HTML 标记，这些标记在浏览器中能够被正确地解析执行。

（2）当含有 HTML 标记的 XML 元素被绑定到 src、value、innerText 等属性时，浏览器并不处理这些标记，只是原样显示。

7.3.1　XML 元素绑定到 HTML 标记

XML 数据记录绑定分为单记录数据绑定和多记录数据绑定两种情况，本节将对此分别进行讨论。

在 HTML 中可以使用 span、label、marquee、button 和 div 等标记来绑定具有单条记录的 XML 文档。

【例 7-3】单记录数据绑定。

ch7-3.htm：

```
<html>
<head>
  <title>单记录数据绑定</title>
</head>
<body>
    <xml id="xmldata">
        <?xml version="1.0" encoding="GB2312"?>
        <学生列表>
            <学生>
                <姓名>王影</姓名>
                <性别>女</性别>
                <专业>计算机</专业>
                <联系方式>12345</联系方式>
            </学生>
        </学生列表>
    </xml>
    <h3>被绑定的 XML 文档的数据如下：</h3>
    <div style="border:1px solid black;padding:10px;">
    姓名：<span datasrc="#xmldata" datafld="姓名"></span><br/>
```

```
20      性别: <span datasrc="#xmldata" datafld="性别"></span><br/>
21      专业: <span datasrc="#xmldata" datafld="专业"></span><br/>
22      联系方式: <span datasrc="#xmldata" datafld="联系方式"></span>
<br/>
23      </div>
24 </body>
25</html>
```

在浏览器中浏览上例的 HTML 文档，运行效果如图 7-1 所示。

在例 7-3 中，第 6～16 行代码使用内嵌方式封装了 XML 数据，<xml>标记的属性 id 定义数据源的名称为“xmldata”。第 19 行<span datasrc="#xmldata" datafld="姓名"></span>将 HTML 标记<span>与 XML 元素“姓名”绑定到一起，属性 datasrc 用于指明要链接的数据岛的名称，注意在数据岛名称前一定要加“#”，datafld 属性则指向绑定的 XML 元素名称“姓名”。

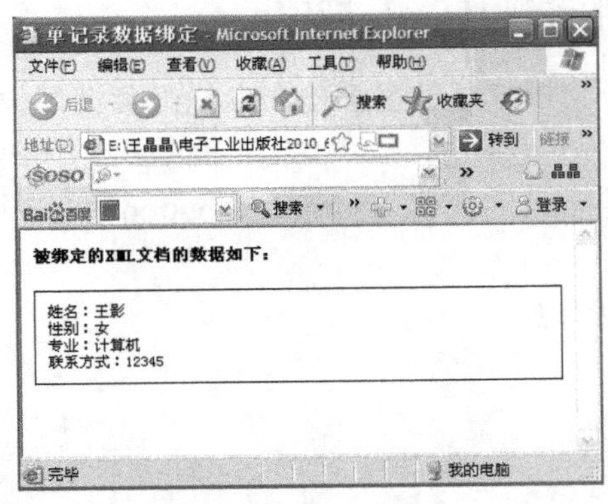

图 7-1　运行效果图

边学边做

修改例 7-3，使 XML 文档中的元素绑定到 HTML 中的 label 标记上。

【例 7-4】XML 元素绑定到 href 标记上。

```
<html>
 <head>
   <title>超链接</title>
 </head>
 <body>
     <xml id="xmldata">
     <?xml version="1.0" encoding="GB2312"?>
         <超链接>
             <链接>
                 <地址>ch7-3.htm</地址>
```

```
11                  <显示>王影的个人信息</显示>
12              </链接>
13          </超链接>
14      </xml>
15      <span>超链接演示：</span>
16      <a datasrc="#xmldata" datafld="地址">
17      <span datasrc="#xmldata" datafld="显示"></span></a>
18  </body>
19</html>
```

在浏览器中浏览本例的 HTML 文档，运行效果如图 7-2 所示。

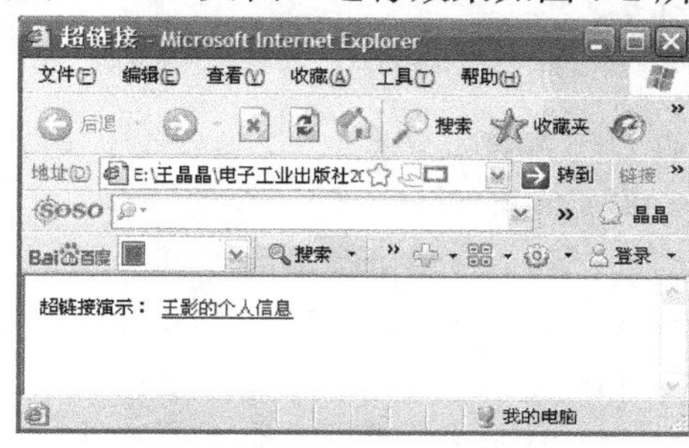

图 7-2　运行效果图

在图 7-2 中，单击“王影的个人信息”超链接之后，就自动跳转到例 7-3 创建的 HTML 文档中，即链接到图 7-1 的显示页面。

例 7-4 中，第 16 行将 HTML 标记<a>与 XML 中的元素“地址”绑定到一起。注意，<a>标记被绑定的属性是 href，所以 XML 中的元素“地址”的内容作为<a>标记的 href 属性值。第 17 行将 XML 中的元素“显示”与 HTML 标记<span>绑定到一起。所以，第 16～17 行代码被浏览器解析为：<a href="ch7-3.htm">王影的个人信息</a>。

边做边想

在浏览器中浏览如下 HTML 文档，显示效果怎样？两个学生的信息是否都可以显示出来？为什么？

```
<html>
<head>
    <title>单记录数据绑定</title>
 </head>
  <body>
        <xml id="xmldata">
            <?xml version="1.0" encoding="GB2312"?>
            <学生列表>
                <学生>
                    <姓名>王影</姓名>
```

```
                <性别>女</性别>
                <专业>计算机</专业>
                <联系方式>12345</联系方式>
            </学生>
            <学生>
                <姓名>王蒙</姓名>
                <性别>男</性别>
                <专业>计算机</专业>
                <联系方式>34567</联系方式>
            </学生>
        </学生列表>
    </xml>
    <h3>被绑定的 XML 文档的数据如下：</h3>
    <div style="border:1px solid black;padding:10px;">
    姓名：<span datasrc="#xmldata" datafld="姓名"></span><br/>
    性别：<span datasrc="#xmldata" datafld="性别"></span><br/>
    专业：<span datasrc="#xmldata" datafld="专业"></span><br/>
    联系方式：<span datasrc="#xmldata" datafld="联系方式"></span><br/>
    </div>
  </body>
</html>
```

当 XML 文档中存在多条记录时，数据岛对象就称为记录集（Recordset），此时，可以运用记录集提供的方法浏览记录。数据岛记录集提供的方法如表 7-2 所示。

表 7-2　数据岛记录集的方法

方　法	作　用
MoveFirst	显示第一条记录
MovePrevious	显示上一条记录
MoveNext	显示下一条记录
MoveLast	显示最后一条记录
Move	显示指定编号的记录（编号从 0 开始）

【例 7-5】多记录数据绑定。

```
<html>
<head>
  <title>多记录数据绑定</title>
</head>
 <body>
    <xml id="xmldata">
        <?xml version="1.0" encoding="GB2312"?>
```

```
8            <学生列表>
9                <学生>
10                   <姓名>王影</姓名>
11                   <性别>女</性别>
12                   <专业>计算机</专业>
13                   <联系方式>12345</联系方式>
14               </学生>
15               <学生>
16                   <姓名>王蒙</姓名>
17                   <性别>男</性别>
18                   <专业>计算机</专业>
19                   <联系方式>34567</联系方式>
20               </学生>
21           </学生列表>
22       </xml>
23       <h3>被绑定的 XML 文档的数据如下：</h3>
24       <div style="border:1px solid black;padding:10px;">
25       姓名：<span datasrc="#xmldata" datafld="姓名"></span><br/>
26       性别：<span datasrc="#xmldata" datafld="性别"></span><br/>
27       专业：<span datasrc="#xmldata" datafld="专业"></span><br/>
28       联系方式：<span datasrc="#xmldata" datafld="联系方式"></span><br/>
29       </div>
30       <button onclick="xmldata.recordset.MoveFirst()">第一条</button>
31     <button onclick="if(!(xmldata.recordset.BOF)){xmldata.recordset.MovePrevious();}">上一条</button>
32    <button onclick="if(!(xmldata.recordset.EOF)){ xmldata.recordset.MoveNext();}">下一条</button>
33    <button onclick="xmldata.recordset.MoveLast()">最后一条</button>
34    </body>
35    </html>
```

在浏览器中浏览本例的 HTML 文档，运行效果如图 7-3 所示。

在例 7-5 中，第 30～33 行定义了 4 个 button 按钮，按钮的 onclick 事件分别调用 recordset 对象的相关方法实现翻页显示 XML 文档中的数据。

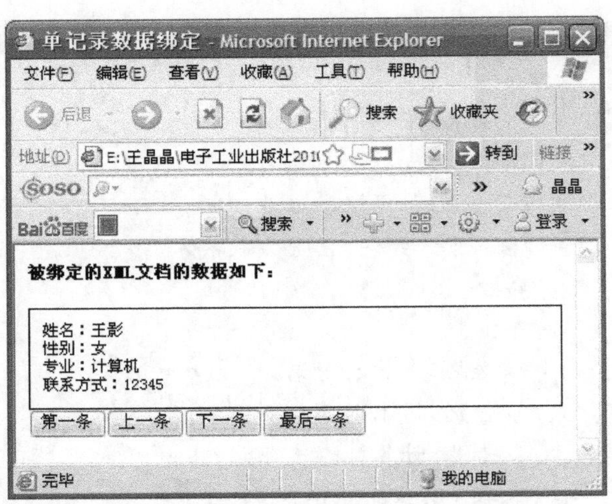

图 7-3 运行效果图

7.3.2 使用表格显示 XML 文档

第 7.3.1 节中介绍的方法虽然能显示 XML 文档内的数据，但无法实现在一页中同时显示多条记录，对于数据内容非常多的情况是不适用的。此时，可以将 XML 中的数据绑定到 HTML 表格标记上，绑定后，XML 中的数据便可显示在表格中。值得注意的是，使用表格显示 XML 文档时，表头必须通过<thead>和<th>标记设定。

【例 7-6】绑定简单表格。

```
<html>
<head>
   <title>绑定简单表格</title>
</head>
<body>
   <xml id="xmldata">
         <?xml version="1.0" encoding="GB2312"?>
         <学生列表>
             <学生>
                 <姓名>王影</姓名>
                 <性别>女</性别>
                 <专业>计算机</专业>
                 <联系方式>12345</联系方式>
             </学生>
             <学生>
                 <姓名>王蒙</姓名>
                 <性别>男</性别>
                 <专业>计算机</专业>
                 <联系方式>34567</联系方式>
```

```
20                </学生>
21            </学生列表>
22      </xml>
23      <h1 align="center">学生信息</h1>
24      <table datasrc="#xmldata" border="1" align="center">
25      <thead bgcolor="#c0c060">
26       <th>姓名</th>
27       <th>性别</th>
28       <th>专业</th>
29       <th>联系方式</th>
30  </thead>
31  <tr>
32       <td><span datafld="姓名"></span></td>
33       <td><span datafld="性别"></span></td>
34       <td><span datafld="专业"></span></td>
35       <td><span datafld="联系方式"></span></td>
36  </tr>
37  </table>
38  </body>
39  </html>
```

在浏览器中浏览本例的 HTML 文档，运行效果如图 7-4 所示。

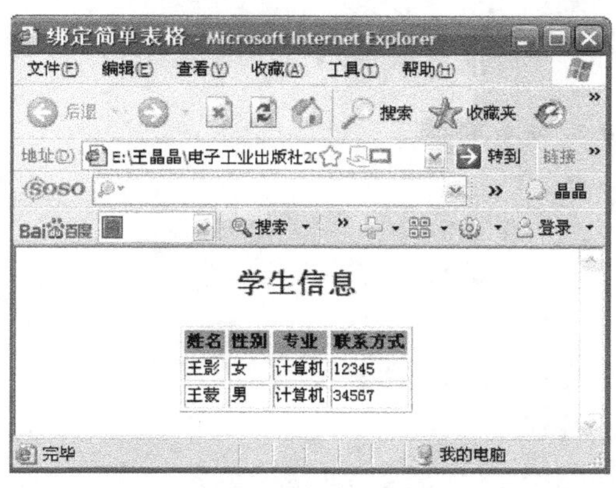

图 7-4　运行效果图

在例 7-6 中，第 24 行<table datasrc="#xmldata" border="1" align="center">将<table>标记与数据岛 xmldata 绑定到一起，表格的表头使用第 25～30 行代码进行设定。值得注意的是，表格不能直接与 XML 元素绑定，所以第 32～35 行都使用<span>标记与 XML 文档中元素绑定作为表格的内容。

例 7-6 中第 25～30 行代码是否可改写为以下形式？

```
① <tr bgcolor="#c0c060">
    <th>姓名</th>
    <th>性别</th>
    <th>专业</th>
    <th>联系方式</th>
</tr>
② <tr bgcolor="#c0c060">
    <td>姓名</th>
    <td>性别</th>
    <td>专业</th>
    <td>联系方式</th>
</tr>
③ <thead bgcolor="#c0c060">
    <td>姓名</th>
    <td>性别</th>
    <td>专业</th>
    <td>联系方式</th>
</thead>
```

【例 7-7】使用嵌套表格显示 XML 文档。

student.xml：

```
<?xml version="1.0" encoding="GB2312"?>
<学生列表>
   <分类>
   <专业>计算机</专业>
   <学生>
       <姓名>张迪</姓名>
       <性别>女</性别>
       <联系电话>13912345678</联系电话>
   </学生>
   <学生>
       <姓名>王雨</姓名>
       <性别>男</性别>
       <联系电话>13812346534</联系电话>
   </学生>
   <学生>
       <姓名>王燕</姓名>
       <性别>女</性别>
       <联系电话>13412545678</联系电话>
   </学生>
   <学生>
       <姓名>杨明</姓名>
```

```
            <性别>男</性别>
            <联系电话>13346346625</联系电话>
        </学生>
        </分类>
        <分类>
        <专业>工艺美术</专业>
        <学生>
            <姓名>徐莉</姓名>
            <性别>女</性别>
            <联系电话>15965328514</联系电话>
        </学生>
        <学生>
            <姓名>冯楠</姓名>
            <性别>男</性别>
            <联系电话>13625894521</联系电话>
        </学生>
        </分类>
        <分类>
        <专业>经济管理</专业>
        <学生>
            <姓名>赵志</姓名>
            <性别>男</性别>
            <联系电话>13888658898</联系电话>
        </学生>
        <学生>
            <姓名>李晓红</姓名>
            <性别>女</性别>
            <联系电话>13416548265</联系电话>
        </学生>
        </分类>
    </学生列表>
```

ch7-7.htm：

```
<html>
 <head>
   <title>使用嵌套表格显示 XML 文档</title>
 </head>
 <body>
   <xml id="xmldata" src="student.xml"></xml>
   <h1 align="center">学生信息</h1>
```

```
        <table datasrc="#xmldata" border="1" align="center" cellpadding="3">
    <tr>
      <th><span>专业：</span><span datafld="专业"></span></th>
  </tr>
  <tr>
      <td>
      <table datasrc="#xmldata" datafld=" 学 生 " border="1" align="center">
      <thead>
          <td><span>姓名</span></td>
          <td><span>性别</span></td>
          <td><span>联系电话</span></td>
      </thead>
      <tr>
          <td><span datafld="姓名"></span></td>
          <td><span datafld="性别"></span></td>
          <td><span datafld="联系电话"></span></td>
      </tr>
      </table>
      </td>
   </tr>
   </table>
  </body>
</html>
```

在浏览器中浏览 ch7-7.htm，运行效果如图 7-5 所示。

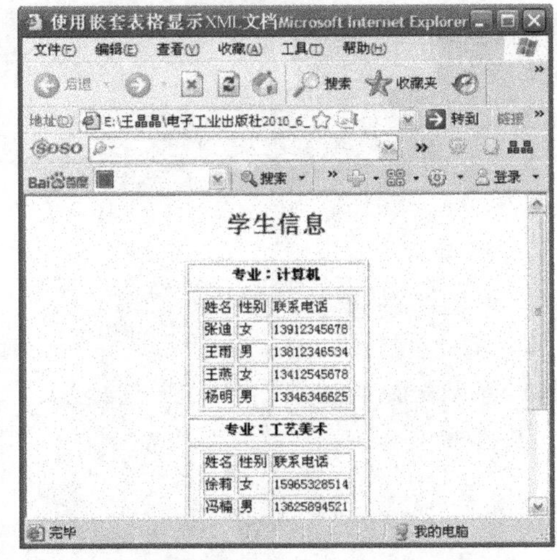

图 7-5　运行效果图

【例 7-8】使用表格分页显示 XML 文档。

ch7-8.xml：

```
<?xml version="1.0" encoding="GB2312"?>
<学生列表>
    <学生>
        <姓名>张迪</姓名>
        <性别>女</性别>
        <联系电话>13912345678</联系电话>
    </学生>
    <学生>
        <姓名>王雨</姓名>
        <性别>男</性别>
        <联系电话>13812346534</联系电话>
    </学生>
    <学生>
        <姓名>王燕</姓名>
        <性别>女</性别>
        <联系电话>13412545678</联系电话>
    </学生>
    <学生>
        <姓名>杨明</姓名>
        <性别>男</性别>
        <联系电话>13346346625</联系电话>
    </学生>
    <学生>
        <姓名>徐莉</姓名>
        <性别>女</性别>
        <联系电话>15965328514</联系电话>
    </学生>
    <学生>
        <姓名>冯楠</姓名>
        <性别>男</性别>
        <联系电话>13625894521</联系电话>
    </学生>
    <学生>
        <姓名>赵志</姓名>
        <性别>男</性别>
        <联系电话>13888658898</联系电话>
    </学生>
    <学生>
```

```
        <姓名>李晓红</姓名>
        <性别>女</性别>
        <联系电话>13416548265</联系电话>
    </学生>
</学生列表>
```

ch7-8.htm：

```
1<html>
2 <head>
3   <title>使用表格分页显示XML文档</title>
4 </head>
5 <body>
6   <xml id="xmldata" src="ch7-8.xml"></xml>
7   <h1 align="center">学生基本信息</h1>
8   <center>
9     <button onclick="student.firstPage()">第一页</button>
10    <button onclick="student.previousPage()">上一页</button>
11    <button onclick="student.nextPage()">下一页</button>
12    <button onclick="student.lastPage()">最后一页</button>
13  </center>
14  <table datasrc="#xmldata" id="student" datapagesize="3" border="1" align="center" cellpadding="3">
15  <thead>
16      <td><span>姓名</span></td>
17      <td><span>性别</span></td>
18      <td><span>联系电话</span></td>
19  </thead>
20  <tr>
21      <td><span datafld="姓名"></span></td>
22      <td><span datafld="性别"></span></td>
23       <td><span datafld="联系电话"></span></td>
24    </tr>
25    </table>
26 </body>
27</html>
```

在浏览器中浏览 ch7-8.htm，运行效果如图 7-6 所示。

在例 7-8 中，第 14 行使用<table>标记与数据岛 xmldata 绑定到一起，在<table>标记中，id 属性指明表格的唯一标识，datapagesize 属性用于设定一次显示记录的个数，第 15～19 行设置表格的表头信息。为实现分页功能，需使用<table>标记用于分页浏览的方法，如表 7-3 所示。

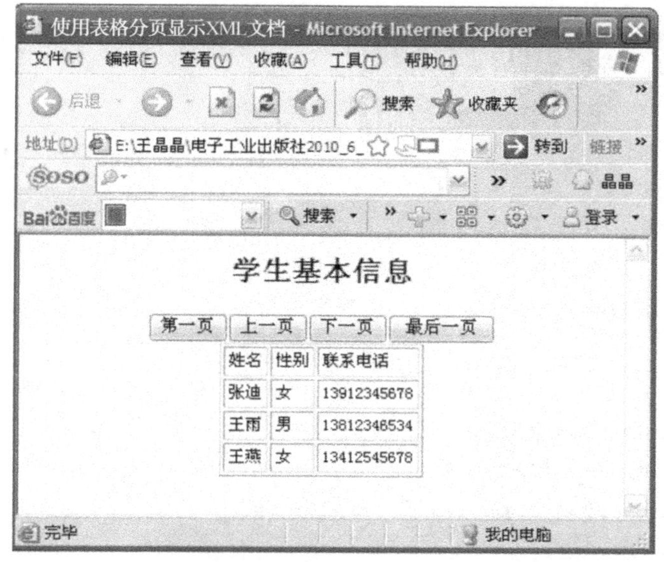

图 7-6　运行效果图

表 7-3　<table>标记用于分页浏览的方法

方　法	作　用
firstPage	显示第一页
lastPage	显示最后一页
nextPage	显示下一页
previousPage	显示前一页

例如，第 9 行"<button onclick="student.firstPage()">第一页</button>"，其中，"student"为<table>的 id，该语句用来实现显示第一页的功能。

7.3.3　显示 XML 属性

前面介绍的是 XML 文档中元素的绑定与显示，当 XML 中含有属性时，数据岛将把属性作为其所属元素的子元素进行处理。XML 元素的属性分为非底层元素包含的属性和底层元素包含的属性，下面分别讨论这两种类型的属性如何显示。

【例 7-9】显示非底层元素包含的属性。

ch7-9.xml：

```
<?xml version="1.0" encoding="GB2312"?>
<学生列表>
  <分类 专业="计算机">
  <学生>
     <姓名>张迪</姓名>
     <性别>女</性别>
     <联系电话>13912345678</联系电话>
  </学生>
  <学生>
```

```
        <姓名>王雨</姓名>
        <性别>男</性别>
        <联系电话>13812346534</联系电话>
    </学生>
    <学生>
        <姓名>王燕</姓名>
        <性别>女</性别>
        <联系电话>13412545678</联系电话>
    </学生>
    <学生>
        <姓名>杨明</姓名>
        <性别>男</性别>
        <联系电话>13346346625</联系电话>
    </学生>
    </分类>
    <分类 专业="工艺美术">
    <学生>
        <姓名>徐莉</姓名>
        <性别>女</性别>
        <联系电话>15965328514</联系电话>
    </学生>
    <学生>
        <姓名>冯楠</姓名>
        <性别>男</性别>
        <联系电话>13625894521</联系电话>
    </学生>
    </分类>
    <分类 专业="经济管理">
    <学生>
        <姓名>赵志</姓名>
        <性别>男</性别>
        <联系电话>13888658898</联系电话>
    </学生>
    <学生>
        <姓名>李晓红</姓名>
        <性别>女</性别>
        <联系电话>13416548265</联系电话>
    </学生>
    </分类>
</学生列表>
```

上述 XML 文档中，元素“分类”为非底层元素，含有属性“专业”，此时，要显示元素“分类”的属性和显示该元素的子元素的方法完全相同。例 7-7 的 student.xml 文档中，元素“专业”作为元素“分类”的子元素，而本例中非底层元素“分类”中含有属性“专业”，所以对于 ch7-9.xml 文档可用 ch7-7.htm 文档来访问，只需将 ch7-7.htm 文档中第 6 行改为“<xml id="xmldata" src="ch7-9.xml"></xml>”即可。

【例 7-10】 显示底层元素包含的属性。

ch7-10.xml：

```
<?xml version="1.0" encoding="GB2312"?>
<学生列表>
   <学生>
      <姓名 性别="女">张迪</姓名>
      <联系电话>13912345678</联系电话>
   </学生>
   <学生>
      <姓名 性别="男">王雨</姓名>
      <联系电话>13812346534</联系电话>
   </学生>
   <学生>
      <姓名 性别="女">王燕</姓名>
      <联系电话>13412545678</联系电话>
   </学生>
   <学生>
      <姓名 性别="男">杨明</姓名>
      <联系电话>13346346625</联系电话>
   </学生>
   <学生>
      <姓名 性别="女">徐莉</姓名>
      <联系电话>15965328514</联系电话>
   </学生>
</学生列表>
```

ch7-10.htm：

```
<html>
<head>
  <title>显示 XML 元素和属性</title>
</head>
<body>
 <xml id="xmldata" src="ch7-10.xml">
 </xml>
 <h1 align="center">学生信息</h1>
```

```
<table datasrc="#xmldata" border="1" align="center" cellpadding="3">
  <thead>
    <td><span>姓名</span></td>
    <td><span>性别</span></td>
    <td><span>联系电话</span></td>
   </thead>
  <tr>
    <td>
       <table datasrc="#xmldata" datafld="姓名">
           <tr>
               <td><span datafld="$text"></span></td>
           </tr>
       </table>
    <td>
    <td>
        <table datasrc="#xmldata" datafld="姓名">
            <tr>
                <td><span datafld="性别"></span></td>
            </tr>
        </table>
    </td>
    <td><span datafld="联系电话"></span></td>
</tr>
</table>
 </body>
 </html>
```

在浏览器中浏览 ch7-10.htm，运行效果如图 7-7 所示。

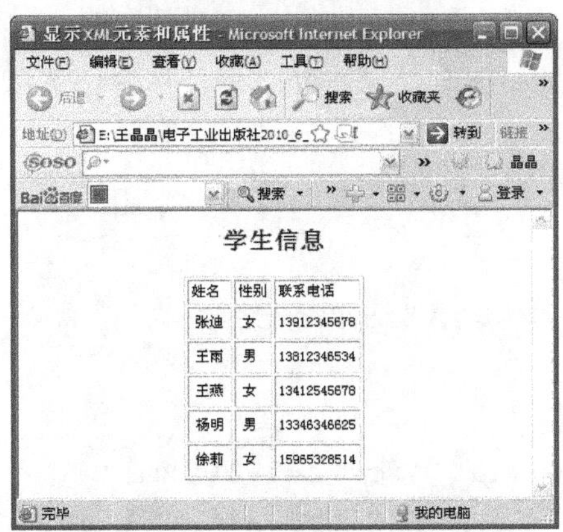

图 7-7　运行效果图

上例 ch7-10.xml 文档中，底层元素“姓名”含有属性“性别”，在与 HTML 元素绑定时，属性“性别”看做元素“姓名”的子元素，同时元素“姓名”的文本内容也作为该元素的子元素。因此，当绑定底层元素的内容时，需给被绑定的 HTML 标记的 datafld 属性赋值为“$text”；而绑定底层元素的属性时，则需给被绑定的 HTML 标记的 datafld 属性赋值为属性的名称。例如，ch7-10.htm 中第 17～21 行定义嵌套表格绑定<姓名>，元素“姓名”的内容绑定<span>；第 23～27 行定义嵌套表格绑定<姓名>，元素“姓名”的属性“性别”作为“姓名”的子元素绑定<span>。

7.4 数据岛技术在图书管理系统中的应用

book.xml：

```
<?xml version="1.0" encoding="GB2312"?>
<图书管理>
   <图书>
      <编号>001</编号>
      <名称>XML 实用教程</名称>
      <作者>张强</作者>
      <出版社>电子工业出版社</出版社>
      <ISBN>978-01-2345</ISBN>
   </图书>
   <图书>
      <编号>002</编号>
      <名称>C#实用教程</名称>
      <作者>李贺</作者>
      <出版社>机械工业出版社</出版社>
      <ISBN>978-01-1234</ISBN>
   </图书>
   <图书>
      <编号>003</编号>
      <名称>C 语言</名称>
      <作者>谭英</作者>
      <出版社>高等教育出版社</出版社>
      <ISBN>978-01-4567</ISBN>
   </图书>
   <图书>
      <编号>004</编号>
      <名称>计算机专业英语</名称>
      <作者>马明辉</作者>
```

```
        <出版社>冶金工业出版社</出版社>
        <ISBN>978-01-6789</ISBN>
    </图书>
    <图书>
        <编号>005</编号>
        <名称>操作系统</名称>
        <作者>张坤</作者>
        <出版社>大连理工大学出版社</出版社>
        <ISBN>978-02-4567</ISBN>
    </图书>
    <图书>
        <编号>006</编号>
        <名称>数据结构</名称>
        <作者>乔岩</作者>
        <出版社>南开大学出版社</出版社>
        <ISBN>978-02-6754</ISBN>
    </图书>
</图书管理>
```

showbook.htm：

```
<html>
  <head>
     <title>分页显示 XML 数据</title>
  </head>
  <body>
     <xml id="xmldata" src="book.xml"></xml>
     <h1 align="center">图书信息信息</h1>
     <center>
        <button onclick="book.firstPage()">第一页</button>
        <button onclick="book.previousPage()">上一页</button>
        <button onclick="book.nextPage()">下一页</button>
        <button onclick="book.lastPage()">最后一页</button>
     </center>
     <table   datasrc="#xmldata"   id="book"   datapagesize="3"
border="1" align="center" cellpadding="3">
          <thead>
              <td><span>编号</span></td>
              <td><span>名称</span></td>
              <td><span>作者</span></td>
              <td><span>出版社</span></td>
              <td><span>ISBN</span></td>
```

```
        </thead>
        <tr>
            <td><span datafld="编号"></span></td>
            <td><span datafld="名称"></span></td>
            <td><span datafld="作者"></span></td>
            <td><span datafld="出版社"></span></td>
            <td><span datafld="ISBN"></span></td>
          </tr>
      </table>
  </body>
</html>
```

7.5 实验指导

【实验指导】 使用数据岛显示 XML 文档中的内容

1. 实验目的

（1）理解数据岛的概念。
（2）掌握在 HTML 中显示 XML 数据的方法。

2. 实验内容

试使用数据岛方法显示下述 XML 文档中的数据，显示效果如图 7-8 所示。

```
<?xml version="1.0" encoding="GB2312"?>
<职工列表>
   <职工>
       <职工编号>001</职工编号>
       <姓名 职称="工程师">张小迪</姓名>
       <性别>女</性别>
       <部门>销售部</部门>
       <联系电话>13912345678</联系电话>
   </职工>
   <职工>
      <职工编号>002</职工编号>
       <姓名 职称="高级工程师">王小雨</姓名>
       <性别>男</性别>
       <部门>财务部</部门>
       <联系电话>13812346534</联系电话>
   </职工>
</职工列表>
```

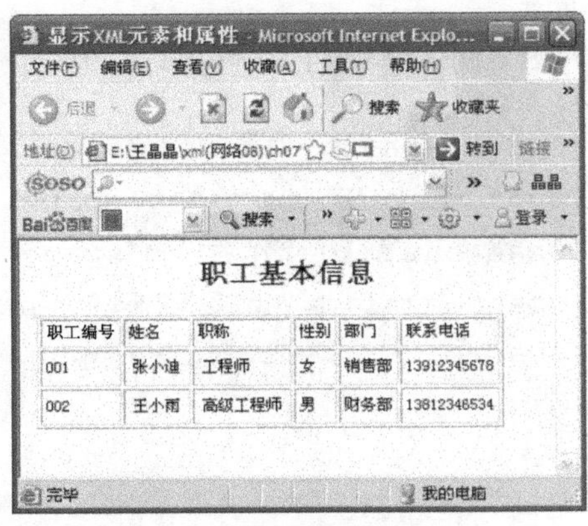

图 7-8 显示效果图

3. 实验步骤

（1）打开 Altova XMLSpy 2010，创建 XML 文档 employee.xml，文档的内容见实验题目，此处略。

（2）在 Alotva XMLSpy 中，进入文本编辑窗口，输入如下代码：

```
    <html>
      <head>
         <title>显示 XML 元素和属性</title>
      </head>
      <body>
         <xml id="xmldata" src="employee.xml">
         </xml>
         <h1 align="center">职工基本信息</h1>
         <table  datasrc="#xmldata"  border="1"  align="center"
cellpadding= "3">
         <thead>
            <th><span>职工编号</span></th>
            <td><span>姓名</span></td>
            <td><span>职称</span></td>
            <td><span>性别</span></td>
            <td><span>部门</span></td>
            <td><span>联系电话</span></td>
         </thead>
         <tr>
            <td><span datafld="职工编号"></span></td>
            <td>
            <table datasrc="#xmldata" datafld="姓名"><tr><td><span
datafld="$text"></span></td></tr></table>
            <td>
```

```
            <table datasrc="#xmldata" datafld="姓名"><tr><td><span
datafld="职称"></span></td></tr></table>
            </td>
            <td><span datafld="性别"></span></td>
            <td><span datafld="部门"></span></td>
            <td><span datafld="联系电话"></span></td>
        </tr>
        </table>
      </body>
    </html>
```

（3）输入完成后，选择"文件"→"保存"菜单命令，保存文档，文档名为"实验 7-1.htm"。

（4）在浏览器中浏览"实验 7-1.htm"，便会出现如图 7-8 所示的效果图。

7.6 习题

一、选择题

1．XML 数据岛绑定于标签（　　）之间。

A．<data></data>　　B．<xml></xml>

C．<body></body>　　D．<datasrc></datasrc>

2．如果（　　），则 EOF 属性返回 True。

A．当前记录为最后一条记录

B．当前记录位于最后一条记录

C．当前记录位于最后一条记录之前

D．当前记录是最后一条记录之后的下一条记录

3．以下（　　）HTML 标记不能绑定 XML 元素。

A．a　　B．label　　C．h2　　D．span

4．使用（　　）属性可以设置当前页面显示的记录数。

A．dataPageSize　　B．pageCount　　C．pageSize　　D．recordCount

5．使用（　　）方法，可以获得记录集的下一条记录。

A．moveFirst　　B．moveLast　　C．moveNext　　D．movePrevious

6．使用（　　）方法，可以获得记录集的最后一条记录。

A．moveFirst　　B．moveLast　　C．moveNext　　D．movePrevious

7．下面（　　）是不可以和数据岛绑定的标记。

A．img　　B．input　　C．table　　D．td

二、填空题

1．使用数据岛时，XML 标记的________属性是必须的。

2．使用表格显示 XML 文档内容时，table 标记的________属性是必须的。

3．使用分页表格显示数据时，若想实现翻页功能，应指定 table 标记的_______属性。

4．显示上一页的方法为_______，下一页的方法为_______，第一页的方法为_______，最后一页的方法为_______。

三、编程题

编写存储新闻概要的 XML 文档，包括新闻编号、新闻标题、新闻作者和发布时间等信息，要求使用数据岛的方式在 HTML 中显示该 XML 文档内的数据，内容分页显示在表格中。

第8章 学生信息管理系统

前面的章节介绍了 XML 的相关知识，本章将把这些知识综合应用起来，完成一个基于 XML 的学生信息管理系统。本章综合应用了 HTML、CSS、DTD、XSLT、DOM 等技术，重点基于 DOM 模型，利用 C#语言开发一个 B/S 架构的小型管理系统，实现对 XML 数据的保存，以及查询、修改、增加、删除等操作。程序架构采用分层架构，定义了数据访问层类、业务层类，以及表示层 Web 网页层。

8.1 需求分析

在一个软件项目的实际开发中，首先要弄清楚软件要做什么，即系统的需求分析。需求是有层次的，可以分为业务需求、用户需求和系统需求 3 个不同的抽象层。问题的定义就是业务需求，反映客户对软件产品的目标要求；用户需求描述用户使用软件必须完成什么任务；系统需求从系统的角度来说明软件的需求，包括功能需求、非功能需求和设计约束 3 方面的内容。由于本系统着重于 XML 知识的应用，主要做功能需求分析，其他不予考虑。

8.1.1 系统背景介绍

随着计算机技术的不断发展，计算机已进入社会的各个领域并发挥着越来越重要的作用。使用计算机对学生信息进行管理，具有手工管理所无法比拟的优点。学生信息管理系统主要用于管理学校学生信息，总体任务是实现学生信息关系的系统化、科学化、规范化和自动化，其主要任务是用计算机对学生各种信息进行日常管理，如查询、修改、增加、删除信息等。

8.1.2 功能需求分析

学生信息管理系统的主要用户是学生管理者、教学管理者及系统管理员。对一般学生和教师只提供部分信息的浏览和搜索功能。通过对用户的调研后，对用户的需求理解如下。

1. 管理用户

管理用户信息，需要系统在数据库内保存和维护用户信息。

（1）添加用户：必须能够为数据库添加新用户。

（2）删除用户：要求如果需要的话可以删除数据库内的用户信息。

（3）修改用户：要求可以修改用户信息。

（4）显示用户：能够显示所有用户信息。

（5）安全访问：所有用户访问应安全和加密。

（6）检查用户合法性：系统必须通过个人登录账号和口令提供安全访问和用户数据检查。

2. 管理学生基本信息

管理学生基本信息，需要系统在数据库内保存和维护学生基本信息。

（1）添加学生基本信息：必须能够为数据库添加新学生信息。

（2）删除学生基本信息：要求如果需要的话可以删除数据库内的学生信息。

（3）修改学生基本信息：要求可以修改学生信息。

（4）查询学生基本信息：可以多种方便的方式查询学生信息。

3. 管理学生奖惩信息

管理学生奖惩信息。学生在校期间会获得奖励和某种处罚，需要记录，作为评比优秀学生等依据，需要系统在数据库内保存和维护学生奖惩信息。

（1）添加学生奖惩信息：必须能够为数据库添加学生奖惩信息。

（2）删除学生奖惩信息：要求如果需要的话可以删除数据库内的学生奖惩信息。

（3）修改学生奖惩信息：要求可以修改学生奖惩信息。

（4）查询学生奖惩信息：可以多种方便的方式查询学生奖惩信息。

4. 管理成绩

管理学生成绩信息，需要系统在数据库内保存和维护学生成绩信息。

（1）添加学生成绩：必须能够为学生添加新的成绩信息。

（2）删除学生成绩：要求如果需要的话可以删除数据库内的学生成绩信息。

（3）修改学生成绩：要求可以修改学生成绩信息。

（4）查询学生成绩：可以多种方便的方式查询学生成绩信息。

5. 统计成绩

统计学生成绩，按照班级进行成绩分类统计，为分析学生学习情况提供依据。

（1）统计学生成绩：可以用列表的方式列出某班某课的最高分、最低分、平均分和及格率。

（2）分析学生成绩：可以用图形的方式显示某班某课的分数分布图。

6. 管理班级

管理班级信息。一个学校中班级信息是可以变动的，有时会增加，有时会取消，所以需要系统在数据库内保存和维护班级信息，但在删除和修改时要注意相关联数据的一致性。

（1）添加班级信息：必须能够为系统添加新班级信息。

（2）删除班级信息：可以在不需要班级信息时对其进行删除（注意数据维护）。

（3）修改班级信息：要求可以修改班级信息（注意数据维护）。

（4）查询班级信息：可以方便地查询班级信息。

7. 管理课程

管理课程信息。课程信息在学校中是经常变动的，需要系统在数据库内保存和维护课程信息，但在删除和修改时要注意相关联数据的一致性。

（1）添加课程信息：必须能够为系统添加新课程。

（2）删除课程信息：可以在不需要课程时对其进行删除。

（3）修改课程信息：要求可以修改课程信息。

（4）查询课程信息：可以方便地查询课程信息。

8. 打印成绩单

能够实现成绩单的打印功能。

（1）打印单个学生成绩单：可以打印单个学生一个学期的成绩单及其在校期间所有课程成绩单。

（2）打印多个学生成绩单：可以按班级打印某课程所有学生的成绩信息。

8.2 系统设计

学生信息管理系统可以将教师、学生、教学管理者、学生管理者和系统管理员分为两类用户，即管理员和非管理员，非管理员权限是有限的，只有部分功能，本书重点实现系统管理员功能。

8.2.1 系统功能结构

根据需求描述，将本系统分为 8 个功能模块，部分功能结构如图 8-1 所示。

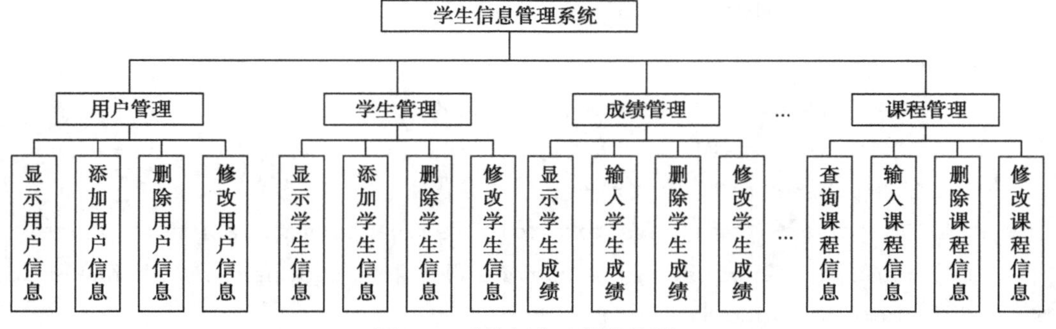

图 8-1 系统部分功能结构图

8.2.2 系统流程图

系统流程图如图 8-2 所示。非系统管理员进入各自的用户主界面。

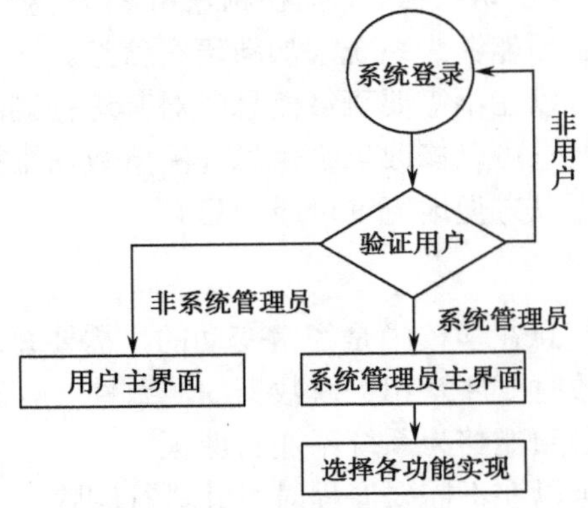

图 8-2 系统流程图

8.2.3 开发及运行环境

（1）系统开发平台：Microsoft Visual Studio 2008。

（2）系统开发语言：C#。

（3）运行平台：Windows XP/ Windows Server 2003。

（4）分辨率：最佳效果 1024×768 像素。

8.3 数据设计

本系统采用 XML 文档存储数据，所有 XML 文档保存在系统路径 App_Data 下。

8.3.1 用户信息

用户信息文档文件名为 users.xml，要求结构为表格形式，根元素 UserList 相当于表的表名，一级元素 user 代表行记录，二级子元素 name 等相当于列名，为保证文档的有效性，采用内部文档类型定义，约束文档。

users.xml:

```
<?xml version="1.0" encoding="UTF-8"?>
<!DOCTYPE UserList[
<!ELEMENT UserList (user)+>
<!ELEMENT user (name,password,role,realname,email,address,phone)>
<!-- name 用户名,password 口令,role 用户身份,realname 真实姓名,E-mail 邮箱,address 地址,phone 电话-- >
<!ELEMENT name  (#PCDATA)>
```

```
<!ELEMENT password  (#PCDATA)>
<!ELEMENT role  (#PCDATA)>
<!ELEMENT realname  (#PCDATA)>
<!ELEMENT email  (#PCDATA)>
<!ELEMENT address  (#PCDATA)>
<!ELEMENT phone  (#PCDATA)>
]>
<UserList>
  <user>
    <name>tiger</name>
    <password>12345</password>
    <role>管理员</role>
    <realname>张兵</realname>
    <email>zhang@163.com</email>
    <address>青年路 23 号</address>
    <phone>4008001</phone>
  </user>
  <user>
    <name>hero</name>
    <password>123456</password>
    <role>教师</role>
    <realname>李连杰</realname>
    <email>li@163.com</email>
    <address>大同路 128 号</address>
    <phone>5008111</phone>
  </user>
</UserList>
```

8.3.2 学生信息文档

学生信息按班级存储，一个班为一个文档，每个文档要求结构一致，因而首先建立一个外部 DTD 文件，文件名为 student.dtd。约束文档结构为二维表格形式，学生信息为根元素，每个学生相当于一个学生记录行，姓名等相当于列名。每个学生信息文档引用这个 DTD 文件。

student.dtd:

```
<?xml version="1.0" encoding="UTF-8"?>
<!-- FileName is student.dtd -->
<!ELEMENT 学生信息 (学生)*>
<!ELEMENT 学生 (姓名,性别,出生日期,政治面貌,籍贯,地址,电话)>
<!ATTLIST 学生 学号 CDATA #REQUIRED>
```

```
<!ELEMENT 姓名 (#PCDATA)>
<!ELEMENT 性别 (#PCDATA)>
<!ELEMENT 出生日期 (#PCDATA)>
<!ELEMENT 政治面貌 (#PCDATA)>
<!ELEMENT 籍贯 (#PCDATA)>
<!ELEMENT 地址 (#PCDATA)>
<!ELEMENT 电话 (#PCDATA)>
```

创建学生信息的XML文档，其中引入外部DTD文件。给文件起名为2005dmt.xml。

2005dmt.xml:

```
<?xml version="1.0" encoding="UTF-8" standalone="no"?>
<!--FileName is 2005dmt.xml ，引用外部DTD验证有效格式 -->
<!DOCTYPE 学生信息 SYSTEM "student.dtd">
<学生信息>
  <学生 学号="2005943003">
    <姓名>方雅萍</姓名>
    <性别>女</性别>
    <出生日期>1987-03-02</出生日期>
    <政治面貌>团员</政治面貌>
    <籍贯>山西</籍贯>
    <地址>山西太原</地址>
    <电话>0351-3333333</电话>
  </学生>
  <学生 学号="2005943004">
    <姓名>傅柳清</姓名>
    <性别>女</性别>
    <出生日期>1987-03-02</出生日期>
    <政治面貌>团员</政治面貌>
    <籍贯>山西</籍贯>
    <地址>山西太原</地址>
    <电话>0351-3333334</电话>
  </学生>
 <!--在此添加班级的其他同学-->
 </学生信息>
```

提示

要求学号属性必须出现，有关学生信息的操作都依赖于它，它也可以设置为元素。

添加其他学生信息，不少于 30 条。再按此结构新建其他班级学生信息。自行创建课程信息、班级信息、成绩信息等文档。

8.4 公共模块设计

8.4.1 文件及文件夹设计

在开发系统之前，首先设计文件夹架构图。新建网站，然后添加 ASP.NET 系统文件夹 App_Code，创建学生管理文件夹 stumanage，用户管理文件夹 usermanage，样式文件夹 css，图片文件夹 images，以及其他模块存放的文件夹。在开发时只需要将相应的文件保存到对应文件夹下即可。文件夹架构如图 8-3 所示。

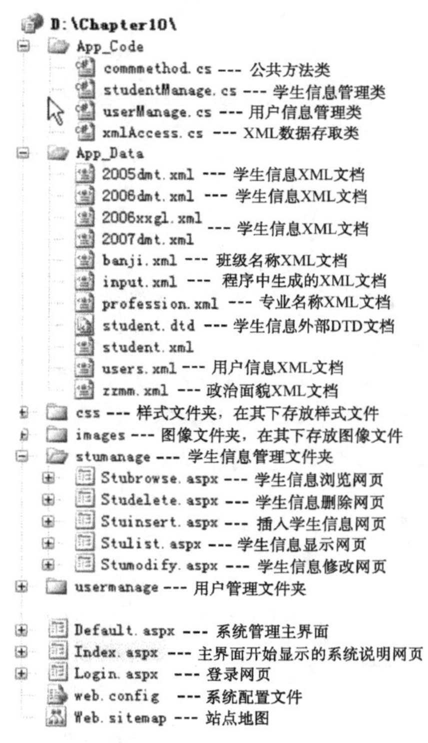

图 8-3 文件夹架构图

8.4.2 公共类设计

在开发项目中以类的形式来组织、封装一些常用的方法和事件，不仅可以提高代码的重用率，而且方便代码维护和管理。本系统创建 4 个类，存放在 App_Code 文件夹下。

1. commmethod 类

commmethod.cs 类文件中定义了 4 个静态方法，作为公共类，任何网页都可调用此

类中的方法。调用时使用“类名.方法”即可。

（1）RandomNum( )：生成验证码方法。参数 VcodeNum 代表生成验的证码个数。设计思想是首先根据参数生成一个最大数和最小数，例如参数是 4，则最大数为 9999，最小数为 999，然后利用随机数方法产生 999～9999 之间的一个数，即为验证码，返回该值。

（2）RegisterAlertScript()：注册提示客户端脚本。功能是弹出一个显示信息对话框，关闭对话框后导航到目标网页。参数 pPage 为显示对话框的网页，pMessage 为显示的信息，pNavigateTo 为关闭对话框后导航的目标网页，pKey 为注册脚本的键值。

（3）MsgBox()：显示提示对话框。功能是弹出一个显示信息对话框，参数 p 为显示对话框的网页，strMsg 为显示的信息，strKey 为注册该脚本的键值。

（4）CloseIE()：关闭 IE 窗口。功能是关闭浏览器窗口，参数 p 为要关闭的网页。

代码如下：

```
        public static string RandomNum(int VcodeNum)//生成验证码
        {
            string MaxNum = "";
            string MinNum = "";
            for (int i = 0; i < VcodeNum; i++)//这里的 VcodeNum 是验证码
的位数
            {
                MaxNum = MaxNum + "9";// 循环结束 MaxNum 是 VcodeNum 位 9
            }
            MinNum = MaxNum.Remove(0, 1);//将 MaxNum 是 VcodeNum 位 9 去掉
最高位的 9 并赋给 MinNum
            Random rd = new Random(); //随机产生 999 到 9999 之间的数
            string  VNum  =  Convert.ToString(rd.Next(Convert.ToInt32
(MinNum), Convert.ToInt32(MaxNum)));
            return VNum;
        }
    //注册提示客户端脚本
    public static void RegisterAlertScript(Page pPage, string pMessage,
string pNavigateTo, string pKey)
    {
     string Script = @"alert('" + pMessage + @"');window.navigate('"
+ pNavigateTo + @"');";
    pPage.ClientScript.RegisterClientScriptBlock(pPage.GetType(),
pPage.UniqueID + pKey,
            Script, true);
    }
    //提示对话框
    public static void MsgBox(Page p, string strMsg, string strKey)
     {
```

```
    if (!p.ClientScript.IsStartupScriptRegistered(p.GetType(),p.
UniqueID+ strKey))
    p.ClientScript.RegisterStartupScript(p.GetType(), p.UniqueID +
strKey, "alert('" + strMsg + "');", true);  }
    //关闭 IE 浏览器
    public static void CloseIE(Page p)
    {
    string                          strScript                          =
"window.opener=null;window.open('','_top'); window. close();";
       p.ClientScript.RegisterStartupScript(p.GetType(),
p.UniqueID + "closeie", strScript, true);
    }
  }
```

2. XmlAccess 类

XmlAccess.cs 类文件实现数据访问，它属于数据访问层，创建了 4 个静态方法，调用它们可以直接使用“类名.方法”。首先在命名空间区域引用 using System.Xml 和 using System.IO 命名空间。

（1）OpenXml()方法：功能是打开 XML 文档。参数 fileName 代表要打开的文件，程序首先判断文件是否存在，如果存在则打开，如果打开出错，则抛出异常处理。返回值为 XML 文档。

（2）select()方法：实现查询节点。参数 xmlDoc 为 XML 文档对象，node 代表要查询的节点，调用文档对象的 SelectNodes 方法查询节点，返回值为 XML 节点集合。

（3）ReadXml()方法：利用 DataSet 对象的 ReadXml 方法，读出 XML 文档，结果是二维表格形式，该方法在学生信息浏览网页中的下拉列表显示班级和政治面貌时用到。

（4）Insert()方法：实现在 XML 文档中插入节点，参数 arr 为二维数组，0 行存放要插入的标记名，1 行存放元素值，数组列数就是标记的个数，参数 element 代表要创建的根元素下的元素名，例如用户注册调用传递参数 element 值为“user”，数组中存放 name 等标记名和其对应的值，程序利用 DOM 模型实现元素的插入。

实现代码如下：

```
  public class XmlAccess
  {
     public static XmlDocument OpenXml(string fileName)
     {
         XmlDocument xmlDoc = new XmlDocument();
         if (File.Exists(fileName))
         {
             xmlDoc.Load(fileName); //加载 XML 文档
             if (xmlDoc == null) throw new Exception("文档加载错误");
//输出出错信息
```

```
            }
            return xmlDoc;
        }
    //查询节点
        public static XmlNodeList select(XmlDocument xmlDoc,string
node)
        {
            return  xmlDoc.SelectNodes(node);
        }
    //读 XML 文档
    public static DataSet ReadXml(string fileName)
        {
            DataSet ds = new DataSet();
            if (File.Exists(fileName))
                ds.ReadXml(fileName);                    //读 XML 文档
            return ds;                                   //返回数据集
        }
    //插入节点
        public static void Insert(string fileName ,string [,]arr,
string element)
        {
          XmlDocument  xmlDoc =OpenXml (fileName);
          XmlNode xmlNode = xmlDoc.DocumentElement;//获取根节点
          XmlElement xmlElement = xmlDoc.CreateElement(element); //
创建元素
          xmlNode.AppendChild(xmlElement); //在根节点下插入元素
          for (int i = 0; i < arr.GetLength(1); i++)
           {
             XmlElement xmlElementname = xmlDoc.CreateElement(arr[0,
i]); //创建元素名
             xmlElementname.InnerText = arr[1, i];    //给元素赋值
             xmlElement.AppendChild(xmlElementname);  //元素插入文档中
           }
          xmlDoc.Save(fileName);                      //保存文件
        }
    }
```

边做边想

① 类中的方法是否可以不用静态方法？如果不用静态方法，那么如何调用该方法？

② 插入节点方法只实现了节点的插入，如果节点有属性，那么如何插入？

3. 用户管理类

userManage.cs 类文件实现用户管理，属于业务层。首先定义用户类属性，用于存储用户信息，然后定义对用户的操作方法，实现对用户的管理。

（1）CheckUser()：验证用户信息，参数是用户对象，存放的是用户登录信息，首先检查用户名是否存在，存在则验证密码是否正确，如果正确则保存用户身份信息。验证通过返回 True，否则返回 False。

（2）RegisterUser()：注册用户信息，参数是用户对象，存放注册信息，如果用户已存在则不予注册。将提交的用户信息保存在二维数组中，调用 XmlAccess.Insert 方法实现插入用户信息。

实现代码如下：

```
public class userManage
{
    private string fileName;                              //XML 文档文件名
    private XmlDocument xmlDoc = new XmlDocument();
    private string name;                                  //用户姓名
    public string Name
    {   get { return name; }
        set { name = value; }   }
    private string password;                              //用户密码
    public string Password
    {  get { return password; }
       set { password = value; }  }
    private string role;                                  //用户身份
    public string Role
    {  get { return role; }
       set { role = value; }   }
    private string realname;                              //用户真实姓名
    public string Realname
    {   get { return realname; }
        set { realname = value; }   }
    private string email;                                 //用户邮箱
    public string Email
    {   get { return email; }
        set { email = value; }    }
    private string address;                               //用户地址
    public string Address
    {  get { return address; }
```

```
            set { address = value; }    }
        private string phone;                           //用户电话
        public string Phone
        {   get { return phone; }
            set { phone = value; }    }
    //构造函数 加载 XML 文档
    public userManage(string FileName)
    {
            this .fileName = FileName;                  //参数值赋给成员变量
            xmlDoc=xmlAccess .OpenXml (fileName); //加载 XML 文档
        }
    // 验证用户信息
    public bool CheckUser(userManage userobject)
        {
            XmlNodeList  xmlNodeList  =  xmlAccess.select(xmlDoc,
"UserList/ user");
            for (int i = 0; i < xmlNodeList.Count; i++)
                if (xmlNodeList[i].ChildNodes[0].InnerText == userobject.
Name)
                    if
( xmlNodeList[i].ChildNodes[1].InnerText==userobject. Password )
                    {
                        userobject.Role = xmlNodeList[i].ChildNodes[2].
InnerText;
                        return true;
                    }
            return false;
        }
     //注册用户信息
     public bool RegisterUser(userManage userobject)
        {
            XmlNodeList xmlNodeList= xmlAccess.select(xmlDoc, "UserList/
user/name");
            for (int i = 0; i < xmlNodeList.Count; i++)
                if (xmlNodeList[i].InnerText == userobject.Name)
                    return  false; //用户存在则不注册
            string[,] arr = new string[2, 7];
            arr[0, 0]= "name";                          //插入的元素名称
            arr[1, 0]=userobject.Name;                  //插入的元素值
            arr[0, 1] = "password";
```

```
            arr[1, 1] = userobject.Password;
            arr[0, 2] = "role";
            arr[1, 2] = userobject.Role ;
            arr[0, 3] = "realname";
            arr[1, 3] = userobject.Realname ;
            arr[0, 4] = "E-mail";
            arr[1, 4] = userobject.E-mail ;
            arr[0, 5] = "address";
            arr[1, 5] = userobject.Address ;
            arr[0, 6] = "phone";
            arr[1, 6] = userobject.Phone ;
            xmlAccess.Insert(fileName ,arr,"user"); //调用数据访问层插
入方法
            xmlDoc = null;
            return true;
        }
```

边学边做

给用户增加两个信息，如性别和出生日期，程序该如何实现？

4. 学生管理类

studentManage.cs 类文件实现对学生信息的管理，是业务层。首先声明属性，存放学生信息。然后创建方法，实现对学生信息的查询、增加、删除和修改。构造函数 studentManage()打开参数所指的 XML 文档，创建对象时传递参数文件名。

（1）StudentInfo()：查询所有学生信息，如果信息不为空，则创建一个二维表格，将数据按行插入表格，按学号排序，返回值为表格视图。

（2）SelectStudent()：实现按学号查找学生，由于学号是学生的属性，注意在比较时用节点对象的属性值，找到后将学生信息存放在一维数组中，由于数组是引用方式传递参数，所以它的值能带回调用函数。返回值为布尔值，找到为 True，否则为 False。

（3）SelectStudent()：重载方法 SelectStudent()，实现按学号查找学生，与（2）不同的是这个方法参数用的是二维数组，不仅将学生信息返回，同时也返回表示该信息的标记名，0 行为标记名，1 行为对应值。

（4）DeleteStudent()：删除学生信息。首先按学号查找节点，找到后移除节点，将结果保存。返回值为布尔值，找到节点移除后为 True，否则为 False。

（5）InsertStudent()：插入学生信息。参数为学生对象，程序首先创建元素，给元素赋值，将节点追加到父元素中。返回值为布尔值，插入成功后返回为 True，否则为 False。

（6）ModifyStudent()：修改学生信息，参数为学生对象，首先按学号查找节点，找到节点后，修改该节点的值，将修改后的文档保存。返回值为布尔值，找到节点修改后为 True，否则为 False。

实现代码如下：

```
public class studentManage
{
    private string fileName;                              //声明变量表示文件名
    private XmlDocument xmlDoc = new XmlDocument();  //声明变量表示文档对象
    private string xh, xm, xb, csrq, zzmm, jg, dz, dh;  //声明成员变量
    public string StuNum
    {   set { xh = value; }
        get { return xh; }      }
    public string StuName
    {   set { xm = value; }
        get { return xm; }    }
    public string StuSex
    {   set { xb = value; }
        get { return xb; }    }
    public string StuBirthday
    {   set { csrq = value; }
        get { return csrq; }    }
    public string StuPolitics
    {   set { zzmm = value; }
        get { return zzmm; }    }
    public string StuPlace
    {   set { jg = value; }
        get { return jg; }    }
    public string StuAddress
    {   set { dz = value; }
        get { return dz; }    }
    public string StuPhone
    {   set { dh = value; }
        get { return dh; }    }
    // 构造函数打开参数所指定的 XML 文件
    public studentManage(string FileName)
    {
        this.fileName = FileName;
        xmlDoc = XmlAccess.OpenXml(fileName);      //打开 XML 文档
    }
    // 以视图的方式返回所有学生信息
    public DataView StudentInfo()
    {
```

```
        XmlNodeList blocks = XmlAccess.select(xmlDoc," //学生");
                                                     //查找所有学生
       if (blocks.Count == 0) return null;      //没有学生返回空值
       DataTable dt = new DataTable("学生表"); //创建学生表
       dt.Columns.Add("学号",System.Type.GetType("System.
String"));                                           //创建列
       dt.Columns.Add("姓名",System.Type.GetType("System.
String"));
       dt.Columns.Add("性别",System.Type.GetType("System.
String"));
       dt.Columns.Add("出生日期",System.Type.GetType("System.
String"));
       dt.Columns.Add("政治面貌",System.Type.GetType("System.
String"));
       dt.Columns.Add("籍贯",System.Type.GetType("System.
String"));
       dt.Columns.Add("地址",System.Type.GetType("System.
String"));
       dt.Columns.Add("电话",System.Type.GetType("System.
String"));
      //将XML文档的数据插入行
       foreach (XmlNode block in blocks)
       {
        object[] r = new object[8]; //根据元素个数声明数组
        r[0] = block.Attributes[0].Value;
                                     //读学生的属性学号，保存在0列
        //依次读出学生的各子元素保存到数组中
       for(int j=0;j<block.ChildNodes .Count ;j++)
          r[j+1] = block.ChildNodes[j].InnerText ;
                                     //学生信息存储在数组元素中
          dt.Rows.Add(r);            //将数组元素添加到数据表中做行
       }
       DataView dv = dt.DefaultView; //获取表的视图
       dv.Sort = "学号";              //按学号排序
       return dv;                    //返回视图
  }
    // 按节点查找学生信息，结果保存在一维数组中
 public bool SelectStudent(string stunum, string[] arr)
    {
     XmlNodeList xmlNodeList = xmlDoc.SelectNodes("学生信息/学
```

```
生");
            for (int i = 0; i < xmlNodeList.Count; i++)
                if (xmlNodeList[i].Attributes ["学号"].Value == stunum)
                                                            //比较属性
                {
                    arr[0] = xmlNodeList[i].Attributes["学号"].Value;
                                                            //读属性的值
                    for (int j = 0; j < xmlNodeList[i].ChildNodes.Count;
j++)
                        arr[j+1] = xmlNodeList[i].ChildNodes[j].InnerText;
                                                            //读学生信息
                    return true;
                }
            return false;
        }
        //按节点查找学生信息，元素名和元素值保存在二维数组中
        public bool SelectStudent(string stuno, string[,] arr)
        {
            XmlNodeList xmlNodeList = XmlAccess.select(xmlDoc ,"学生
信息/学生");
             for (int i = 0; i < xmlNodeList.Count; i++)
                if (xmlNodeList[i].Attributes["学号"].Value == stuno)
                {
                    arr[0,0] = xmlNodeList[i].Attributes["学号"].Name;
                                                            //读出属性名
                    arr[1,0] = xmlNodeList[i].Attributes["学号"].Value;
                                                            //读出属性值
                    for (int j = 0; j < xmlNodeList[i].ChildNodes.Count;
j++)
                    {
                        arr[0,j + 1] = xmlNodeList[i].ChildNodes[j].Name;
                                                            //读出元素名
                        arr[1,j+1]  =  xmlNodeList[i].ChildNodes[j].
InnerText;                                                  //读出元素名
                    }
                    return true;
                }
            return false;
        }
        // 删除指定学号的学生
```

```
        public bool DeleteStudent(string studentno)
        {
            XmlNodeList xmlNodeList = XmlAccess.select(xmlDoc, "学生
信息/学生");
                for (int i = 0; i < xmlNodeList.Count; i++)
            if (xmlNodeList[i].Attributes["学号"].Value ==studentno )
                {
                    xmlNodeList[i].ParentNode.RemoveChild(xmlNodeList
[i]);                                                   //移除节点
                    xmlDoc.Save(fileName);              //保存文档
                    xmlDoc = null;                      //释放文档对象
                    return true;
                }
            return false;
        }
        // 插入学生信息，首先按学号查找，若已存在则不插入
     public bool InsertStudent(studentManage stu)
        {
            XmlNodeList xmlNodeList = xmlAccess.select(xmlDoc, "学生
信息/学生");
            for (int i = 0; i < xmlNodeList.Count; i++)
               if  (xmlNodeList[i].Attributes  [" 学 号 "].Value    ==
stu.StuNum)
                    return false;  // 按学号查找，若已存在则不插入
            XmlNode xmlNode = xmlDoc.DocumentElement; //获取根节点
            XmlElement xmlElementstu = xmlDoc.CreateElement("学生");
                                                        //创建学生元素
            XmlAttribute stunum = xmlDoc.CreateAttribute("学号");
                                                        //创建学号属性
            stunum.Value = stu.StuNum;                  //给属性赋值
            xmlElementstu.Attributes .SetNamedItem (stunum);
                                                  //给学号为学生的属性
            xmlNode.AppendChild(xmlElementstu);//将学生元素追加到根元素下
            XmlElement xmlElementname = xmlDoc.CreateElement("姓名");
            xmlElementname.InnerText = stu.StuName;
            xmlElementstu.AppendChild(xmlElementname);
            XmlElement xmlElementsex = xmlDoc.CreateElement("性别");
            xmlElementsex.InnerText = stu.StuSex;
            xmlElementstu.AppendChild(xmlElementsex);
            XmlElement xmlElementbirthday = xmlDoc.CreateElement("出
```

```
生日期");
            xmlElementbirthday.InnerText = stu.StuBirthday;
            xmlElementstu.AppendChild(xmlElementbirthday);
            XmlElement xmlElementpolitics = xmlDoc.CreateElement("政
治面貌");
            xmlElementpolitics.InnerText = stu. StuPolitics;
            xmlElementstu.AppendChild(xmlElementpolitics);
            XmlElement xmlElementplace = xmlDoc.CreateElement("籍贯");
            xmlElementplace.InnerText = stu.StuPlace;
            xmlElementstu.AppendChild(xmlElementplace);
            XmlElement xmlElementaddress = xmlDoc.CreateElement("地址");
            xmlElementaddress.InnerText = stu.StuAddress ;
            xmlElementstu.AppendChild(xmlElementaddress);
            XmlElement xmlElementphone = xmlDoc.CreateElement("电话");
            xmlElementphone.InnerText = stu.StuPhone ;
            xmlElementstu.AppendChild(xmlElementphone);
            xmlDoc.Save(fileName);//保存 XML 文档
            xmlDoc = null;//释放 xmlDoc 对象
            return true;
        }
        //  修改学生信息
        public bool ModifyStudent(studentManage stu)
        {
            XmlNodeList xmlNodeList = XmlAccess.select(xmlDoc, "学生
信息/学生");
            for (int i = 0; i < xmlNodeList.Count; i++)
            if (xmlNodeList[i].Attributes["学号"].Value == stu.StuNum)
                {//  将对象的值赋值给要修改的节点
                    xmlNodeList[i].ChildNodes[0].InnerText = stu.StuName;
                    xmlNodeList[i].ChildNodes[1].InnerText = stu.StuSex;
                    xmlNodeList[i].ChildNodes[2].InnerText  =  stu.
StuBirthday;
                    xmlNodeList[i].ChildNodes[3].InnerText  =  stu.
StuPolitics;
                    xmlNodeList[i].ChildNodes[4].InnerText  =  stu.
StuPlace;
                    xmlNodeList[i].ChildNodes[5].InnerText  =  stu.
StuAddress;
                    xmlNodeList[i].ChildNodes[6].InnerText  =  stu.
StuPhone;
```

```
                xmlDoc.Save(fileName);
                xmlDoc = null;
                return true;
            }
        return false;
    }
}
```

边做边想

① 学号是学生的属性，如果再给学生增加一个属性职务，那么如何实现上述功能？

② 插入学生操作，修改为调用 XmlAccess.cs 类中的 Insert()方法，尝试重载 Insert()方法，并修改 InsertStudent()方法实现。

③ 尝试在 XmlAccess.cs 类中创建修改和删除节点的方法，供 ModifyStudent()和 DeleteStudent()方法调用。

8.5 主要功能模块设计

由于篇幅所限，没有给出所有页面源码，只给出了主要控件属性，读者可结合 CSS 技术自定义样式，注意保持界面风格一致。

8.5.1 用户登录

在根目录下添加新网页，文件名为 Login.aspx，用户输入登录信息后进行验证，验证通过后进入系统主界面。

1. 界面设计

利用表格进行布局，运行后的登录界面如图 8-4 所示，主要控件及属性设置如表 8-1 所示。

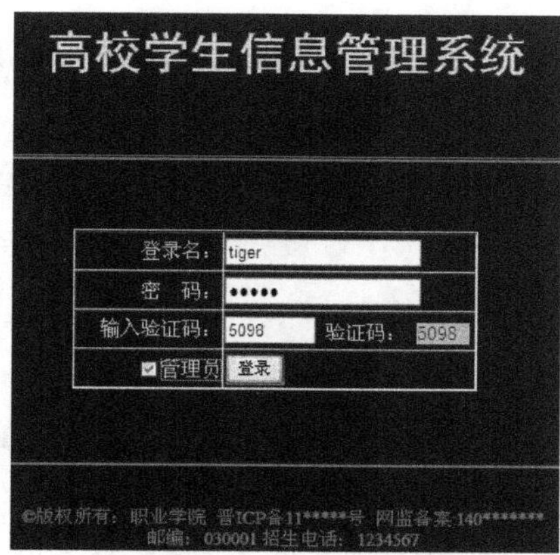

图 8-4　登录界面

表 8-1　登录界面用到的主要控件及属性

控件类型	控件名称	主要属性	用　途
TextBox	txtUserName	均为默认属性	输入用户名
TextBox	txtPassWord	TextMode 为 Password	输入密码
TextBox	txtValidate	均为默认属性	输入验证码
Label	lbValidate	均为默认属性	显示验证码
CheckBox	chkbtnPower	Text 为管理员	选择是否管理员
Button	Button1	Text 为登录	登录

2. 代码实现

页面加载事件中生成验证码并显示在标签中，在用户输入信息后单击“登录”按钮，进行验证。验证流程如图 8-5 所示。

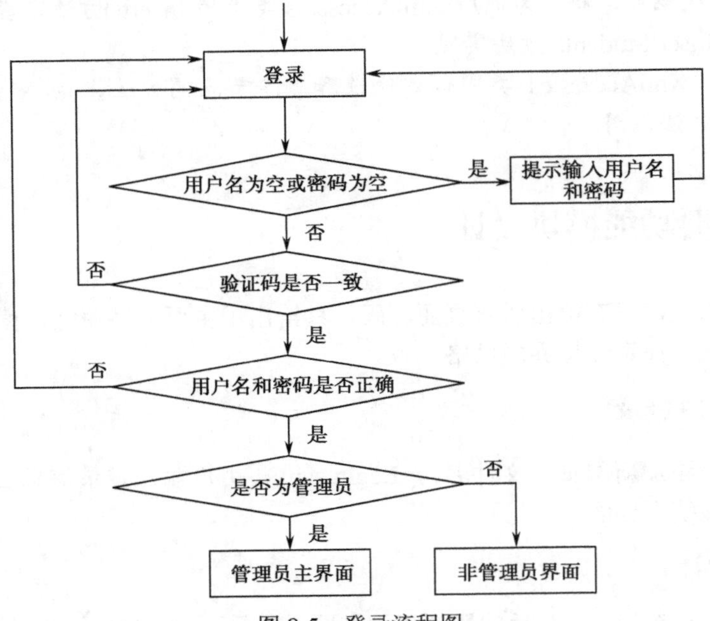

图 8-5　登录流程图

实现代码如下：

```
public partial class Login : System.Web.UI.Page
{
  protected void Page_Load(object sender, EventArgs e)
                                                   //页面加载事件
    {
        if (!IsPostBack)
        {
            lbValidate.Text = commmethod .RandomNum(4);
                                                   //生成验证码
            Session["user"] = null; //设置保存用户名会话变量
        }
```

```
        }
      protected void Button1_Click(object sender, EventArgs e)
                                                           //登录按钮事件
        {
            string FileName;
            if  (txtUserName.Text.Trim()  ==  ""  ||  txtPassWord.Text.
Trim() == "")
            {
                commmethod.MsgBox(this ,"用户名或密码不能为空","1");
                return;
            }
            if (txtValidate.Text.Trim () != lbValidate.Text.Trim ())
                Response.Redirect("Login.aspx"); //验证码错需重新登录
            FileName = Server.MapPath("~\\App_Data\\users.xml");
            userManage u1 = new userManage(FileName);
            u1.Name = txtUserName.Text;
            u1.Password = txtPassWord.Text;
            if (u1.CheckUser(u1))  //如果用户存在并且密码正确
            {
              if (chkbtnPower.Checked && u1.Role == "管理员") // 判断是否管理员
                {
                    Session["user"] = txtUserName.Text;  // 保存用户名
                    Response.Redirect("default.aspx");//跳转到管理员主界面
                }
                else
                    Response.Redirect("~\\stumanage\\Stulist.aspx");
            }
            else
                commmethod.MsgBox(this, "用户名或密码错", "1");
        }
    }
```

8.5.2 系统首页

首页为系统创建的文件 Default.aspx，首页界面上提供了导航功能，供选择进行各项管理。运行后系统首页界面如图 8-6 所示。

1．界面设计

页面利用了表格布局，并结合 CSS 技术设置样式。在右边主显示区设置一个框架，框架名为 mainframe，控制各操作网页显示在此框架中。例如运行学生信息浏览后主界面如图 8-7 所示，在源码的表格列中插入如下代码。

```
    <iframe  src  ="index.aspx"  name="mainframe"  frameborder="no"
scrolling="no"
                     height="450" style="width: 771px"></iframe>
```

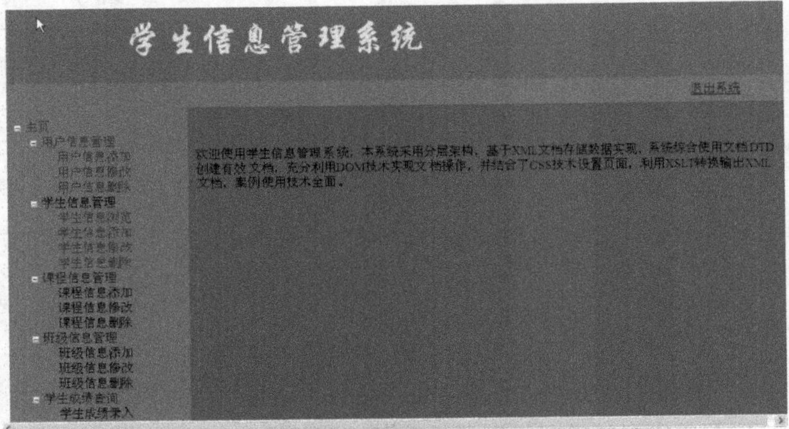

图 8-6　系统首页界面

学生信息管理系统

退出系统

主页 > 学生信息管理 > 学生信息浏览

学生信息浏览

请选择年级 2005级　请选择专业　确定

	学号	姓名	性别	出生日期	政治面貌	籍贯	地址	电话
删除	2005943003	方雅萍	女	1987-03-02	团员	山西	山西太原	0351-3333333
删除	2005943004	傅柳清	女	1987-03-02	团员	山西	山西太原	0351-3333334
删除	2005943005	苏雅婷	女	1987-03-02	团员	山西	山西太原	0351-3333335
删除	2005943006	陈晖东	男	1987-03-02	团员	山西	山西太原	0351-3333336
删除	2005943007	林哲斐	男	1987-03-02	团员	山西	山西太原	0351-3333337
删除	2005943008	潘剑华	男	1987-03-02	团员	山西	山西太原	0351-3333338
删除	2005943009	林建海	男	1987-03-02	团员	山西	山西太原	0351-3333339
删除	2005943010	陈加威	男	1987-03-02	团员	山西	山西太原	0351-3333310
删除	2005943011	梁绍宏	男	1987-03-02	团员	山西	山西太原	0351-3333311
删除	2005943012	游宁	男	1987-03-02	团员	山西	山西太原	0351-3333312
12345								

图 8-7　系统运行学生信息浏览主界面

左面导航是树形控件 TreeView1，数据来源是站点地图，所以首先在站点根目录下单击鼠标右键，在弹出的快捷菜单中选择“添加新项”→“站点地图”命令，生成文件名 Web.sitemap，该文件为 XML 文档结构，在其中输入如下代码。

```
    <?xml version="1.0" encoding="utf-8" ?>
    <siteMap xmlns="http://schemas.microsoft.com/AspNet/SiteMap-File- 1.0" >
        <siteMapNode title="主页" url="index.aspx">
            <siteMapNode  title="用户信息管理"  url="usermanage\
Userbrowse. aspx">
                <siteMapNode  title="用户信息添加"  url="usermanage\
Userreg. aspx" />
                <siteMapNode  title="用户信息修改"  url="usermanage\
Usermodify. aspx" />
```

```
            <siteMapNode  title="用户信息删除"  url="usermanage\
Userdelete. aspx" />
        </siteMapNode>
        <siteMapNode title="学生信息管理" >
            <siteMapNode  title="学生信息浏览"  url="stumanage\
Stubrowse. aspx"/>
            <siteMapNode  title="学生信息添加"  url="stumanage\
Stuinsert. aspx"/>
            <siteMapNode  title="学生信息修改"  url="stumanage\
Stumodify. aspx"/>
            <siteMapNode  title="学生信息删除"  url="stumanage\
Studelete. aspx"/>
        </siteMapNode>
        <siteMapNode title="课程信息管理" url="course.aspx">
            <siteMapNode title="课程信息添加" url="" />
            <siteMapNode title="课程信息修改" url="" />
            <siteMapNode title="课程信息删除" url="" />
        </siteMapNode>
    </siteMap>
```

边学边做

在站点地图文件中填写所空缺的URL，并增加班级信息管理导航。

系统首页界面主要用到的控件及属性设置如表8-2所示。

表8-2　系统首页界面用到的主要控件及属性设置

控件类型	控件名称	主要属性设置	用途
TreeView	TreeView1	属性DataSourceID为站点地图数据源，属性Target为"mainframe"	实现导航，将所选择的网页显示在框架mainframe中
LinkButton	LinkButton1	Text为退出系统	关闭系统

2. 代码实现

在页面加载事件中判断用户是否登录，如果没有就跳转回登录界面。用户名通过Session对象获取。

```
    protected void Page_Load(object sender, EventArgs e)
        {
            if (!IsPostBack)
            {
                if (Session["user"] == null)//判断用户是否登录，如果没有就
```

```
跳转回登录界面
                    Response.Redirect("login.aspx");
            }
        }
    //超链接按钮事件关闭浏览器
        protected void LinkButton1_Click(object sender, EventArgs e)
        {
            commmethod .CloseIE(this);
        }
```

8.5.3 用户注册

在 usermanage 文件夹下添加新网页并将文件命名为 Userreg.aspx，在该网页中输入完用户信息后，单击“提交”按钮将信息保存到用户文档 user.xml 中。

1．界面设计

界面比较简单，采用表格设计，用户信息输入采用文本框输入，在必须输入的地方加上验证控件，单击“提交”按钮后执行用户注册，运行界面如图 8-8 所示。

图 8-8　用户注册界面

用户注册界面主要用到的控件及属性设置如表 8-3 所示。

表 8-3　用户注册界面用到的主要控件及属性设置

控 件 类 型	控 件 名 称	主要属性设置	用　　途
TextBox	Txtuser	均为默认属性	用户名
TextBox	Txtpwd1	TexMode 为 Password	密码
TextBox	Txtpwd2	TexMode 为 Password	确认密码
TextBox	Txtrole	均为默认属性	用户身份
TextBox	Txtrealname	均为默认属性	用户真实姓名
TextBox	Txtmail	均为默认属性	邮箱
TextBox	Txtaddress	均为默认属性	地址
TextBox	Txtphone	均为默认属性	电话

续表

控件类型	控件名称	主要属性设置	用途
Button	Button1	Text 为提交	提交
Button	Button2	Text 为重置	重置
RequiredFieldValidator CompareValidator		ControlToValidate 绑定到要验证的控件 ErrorMessage 错误提示	要求必须输入，根据需要设置，加*的表示加了验证控件，通过验证控件保证两次输入密码一致

2．代码实现

提交按钮事件，首先打开文档，将输入的用户信息写入用户对象，调用用户管理类的 RegisterUser()方法，注册用户。重置事件，清空文本框（代码省略）。

```
    protected void Button1_Click(object sender, EventArgs e)
                                                        //提交按钮
        {
            string FileName=Server.MapPath("~\\App_Data\\users.xml");
            userManage u1 =new userManage(FileName);   //声明用户对象
            u1.Name =Txtuser.Text;
            u1.Password =Txtpwd1.Text;
            u1.Role= Txtrole.Text;u1.Realname =Txtrealname.Text;
            u1.E-mail =Txtmail.Text;u1.Address =Txtaddress.Text;
            u1.Phone =Txtphone.Text;
            if (u1.RegisterUser(u1))
           {
           commmethod.RegisterAlertScript (this, "注册成功！","
Userbrowse. aspx", "1");
           Button2_Click1(null,null);        //调用重置事件，清空文本框
           }
            else
              commmethod.MsgBox(this, "用户名已存在！", "1");
        }
    }
```

边做边想

单步运行程序，注意各类间的调用关系，体会分层架构的好处。

8.5.4　学生信息浏览

1．界面设计

在 stumanage 文件夹下添加新网页并将文件命名为 Stubrowse.aspx，学生信息以表格

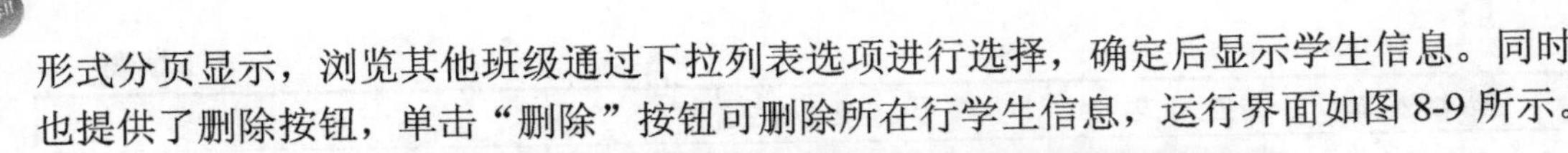

形式分页显示，浏览其他班级通过下拉列表选项进行选择，确定后显示学生信息。同时也提供了删除按钮，单击“删除”按钮可删除所在行学生信息，运行界面如图 8-9 所示。

学生信息浏览

请选择年级 2005级 请选择专业 多媒体技术 确定

	学号	姓名	性别	出生日期	政治面貌	籍贯	地址	电话
删除	2005943003	方雅萍	女	1987-03-02	团员	山西	山西太原	0351-3333333
删除	2005943004	傅柳清	女	1987-03-02	团员	山西	山西太原	0351-3333334
删除	2005943005	苏雅婷	女	1987-03-02	团员	山西	山西太原	0351-3333335
删除	2005943006	陈晖东	男	1987-03-02	团员	山西	山西太原	0351-3333336
删除	2005943007	林哲斐	男	1987-03-02	团员	山西	山西太原	0351-3333337
删除	2005943008	潘剑华	男	1987-03-02	团员	山西	山西太原	0351-3333338
删除	2005943009	林建海	男	1987-03-02	团员	山西	山西太原	0351-3333339
删除	2005943010	陈加威	男	1987-03-02	团员	山西	山西太原	0351-3333310
删除	2005943011	梁绍宏	男	1987-03-02	团员	山西	山西太原	0351-3333311
删除	2005943012	游宁	男	1987-03-02	团员	山西	山西太原	0351-3333312

12345

图 8-9　学生信息浏览界面

学生信息浏览界面用到的主要控件及属性设置如表 8-4 所示。

表 8-4　学生信息浏览界面用到的主要控件及属性设置

控件类型	控件名称	主要属性设置	用　途
DropDownList	DDLyear	编辑项 Text 属性为年级，Value 属性为年份	显示年级
DropDownList	DDLprofession	编辑项 Text 属性为中文专业名，Value 属性为简称	显示专业名
GridView	GridView1	编辑列，添加 CommandField，选中删除	显示学生信息
Button	Button1	Text 为确定	

因为学生信息文档命名方式为“年级+专业简称”，所以下拉列表选项 Text 为显示信息，Value 属性为文件名。例如 2005 级多媒体技术专业学生信息文件名为 2005dmt.xml，第一个下拉列表框的 Text 属性为 2005 级，Value 属性为 2005，第二个下拉列表框文件 Text 属性为多媒体技术，Value 属性为 dmt。读者可自行定义文件命名方式，在这组合即可。

2. 代码实现

本程序应用 GridView 控件显示学生信息，使用控件的分页技术实现分页显示，编写页面改变事件，实现页面切换。为方便在浏览的同时可以删除学生信息，启用了 GridView 的删除命令，编写删除事件。主要技术点是将获取到的所有学生信息绑定到 GridView 控件。

```
public partial class stumanage_Stubrowse : System.Web.UI.Page
{
    private string FileName;                        //打开的文件名
    studentManage s1;                               //声明学生对象
//页面加载事件打开指定的 2005dmt.xml 文件，并设置 GridView1 控件的属性
    protected void Page_Load(object sender, EventArgs e)
    {
```

```
            FileName = Server.MapPath("~\\App_Data\\2005dmt.xml");
            if (!IsPostBack)
            {
              GridView1.BackColor = System.Drawing.Color.AntiqueWhite;
                                                  //设置背景
                GridView1.BorderStyle = BorderStyle.Groove;
                                                  //设置边框样式
                GridView1.AllowPaging = true;     //设置允许分页
                GridView1.PageSize = 10;          //每页 10 行
                GridView1.GridLines = GridLines.Both;      //设置表格线
                Sms_DataBind();                   //绑定数据
            }
        }
    //自定义方法 Sms_DataBind()，实例化 studentManage 类对象 s1，调用对象的
方法 StudentInfo()将返回学生信息，将信息绑定到 GridView1 控件上。
        public void Sms_DataBind()
        {
            s1 = new studentManage(FileName);
                                             //实例化学生对象打开指定的 XML 文档
            DataView dv1 = new DataView();       //创建视图对象
            dv1 = s1.StudentInfo();       //获取学生信息存储在视图对象中
            GridView1.DataKeyNames = new string[] { "学号" };
                                             //设置学号为主键
            GridView1.DataSource = dv1; //指定数据对象的数据源
            GridView1.DataBind();         //数据绑定
        }
    // GridView1 页面改变事件，即翻页时切换到新的页面
       protected   void   GridView1_PageIndexChanging(object   sender,
GridViewPageEventArgs e)
        {
            GridView1.PageIndex = e.NewPageIndex; //切换到新页
            Sms_DataBind();
        }
    //单击了删除按钮后发生，通过取得所在行的学号，调用删除方法删除学生
        protected    void    GridView1_RowDeleting(object     sender,
GridViewDelete EventArgs e)
        {
            s1 = new studentManage(FileName);
            string sno;
            try
```

```
            {
                sno = GridView1.DataKeys[e.RowIndex].Value.ToString();
                                            //获取所在行的主键，即学生的学号
                if (s1.DeleteStudent(sno))      //调用删除方法
                {
                    Response.Write("<script>alert('" + "删除成功！" + "')
</script>");
                    GridView1.EditIndex = -1;   //切换回浏览模式
                    Sms_DataBind();
                }
                else
                    Response.Write("<script>alert('" + "删除失败！" + "')
</script>");
            }
            catch (Exception er)
            {
                Response.Write("<script>alert('" + er.Message + "')
</script>");
            }
        }
    protected void Button1_Click(object sender, EventArgs e)
                                                //确定按钮单击事件

        {
            string tempname;
            tempname = DDLyear.SelectedValue.ToString() + DDLprofession.
SelectedValue.ToString();//组合文件名
            FileName = Server.MapPath("~\\App_Data\\" + tempname +
".xml");
            Sms_DataBind();
        }
    }
```

边学边做

仿照学生信息浏览功能实现用户信息浏览。

8.5.5 学生信息添加

1. 界面设计

在 stumanage 文件夹下添加新网页，文件名为 Stuinsert.aspx，实现学生信息添加，运行界面如图 8-10 所示。首先通过下拉列表项选择班级，当输入完学生信息后，单击“提交”按钮，信息将插到所选班级中。

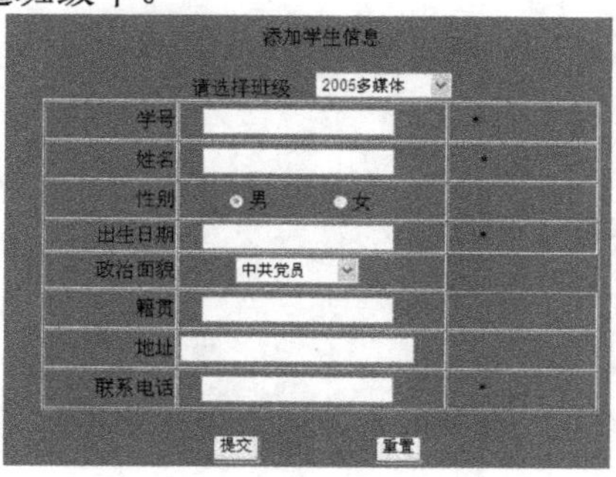

图 8-10　添加学生信息界面

添加学生信息界面用到的主要控件及属性设置如表 8-5 所示。

表 8-5　添加学生信息界面用到的主要控件及属性设置

控 件 类 型	控 件 名 称	主要属性设置	用　　途
DropDownList	DDLbj	均为默认属性	显示年级
DropDownList	DropDownList1	均为默认属性	显示政治面貌
TextBox	Txtstunum	均为默认属性	学号
TextBox	Txtstuname	均为默认属性	姓名
TextBox	Txtstubrh	均为默认属性	出生日期
TextBox	Txtplace	均为默认属性	籍贯
TextBox	Txtaddress	均为默认属性	地址
TextBox	Txtphone	均为默认属性	电话
RadioButton	RadioButton1	Text 属性为男 GroupName 属性为 sex Checked 为 True	提供性别选项
RadioButton	RadioButton2	Text 属性为女 GroupName 属性为 sex	
Button	Button1	Text 为提交	
Button	Button2	Text 为重置	
RequiredFieldValidator		ControlToValidate 绑定到要验证的控件 ErrorMessage 错误提示	要求必须输入，根据需要设置，加*的表示加了验证控件

2. 代码实现

本程序通过将班级信息和政治面貌分别存在 XML 文档中，通过读 XML 文件方法，实现将数据绑定到下拉列表项中。这样当班级信息和政治面貌变化时不必修改程序，只需要修改 XML 文档即可。在 App_Data 文件夹下创建文档 zzmm.xml 和 banji.xml，注意文档结构。

zzmm.xml:

```
<?xml version="1.0" encoding="utf-8" ?>
<政治面貌>
    <面貌>
        <类型>中共党员</类型>
```

```
    </面貌>
    <面貌>
        <类型>共青团员</类型>
    </面貌>
    <面貌>
        <类型>民主人士</类型>
    </面貌>
    <面貌>
        <类型>群众</类型>
    </面貌>
</政治面貌>
```

下面是文档 banji.xml：

```
<?xml version="1.0" encoding="utf-8" ?>
<班级名称>
    <班级>
        <名称>2005 多媒体</名称>
        <文件名>2005dmt</文件名>
    </班级>
    <班级>
        <名称>2006 多媒体</名称>
        <文件名>2006dmt</文件名>
    </班级>
<!--其他班级信息-->
</班级名称>
```

Stuinsert.aspx 功能主要实现 3 个事件：在页面加载事件中实现打开 XML 文档，调用 XmlAccess 类中的 ReadXml 方法，读出 XML 数据，将数据存放在数据集中，将所在的列绑定到下拉列表项中；提交按钮事件，将要插入的学生信息输入，保存到对象中，然后调用插入方法，实现插入；取消按钮事件清空所有文本框（代码省略）。

```
public partial class stumanage_Stuinsert : System.Web.UI.Page
{
    string FileName;
    protected void Page_Load(object sender, EventArgs e)
    {
        if (!IsPostBack)
        {
            //下拉列表项中填充政治面貌
            FileName = Server.MapPath("~\\App_Data\\zzmm.xml");
            DataSet ds = new DataSet();          //声明数据集对象
            ds = xmlAccess .Readxml (FileName);
```

```
                                        //读 XML 文件存放在数据集中
            DropDownList1.DataSource = ds.Tables [0].DefaultView ;
                                        //数据源

DropDownList1.DataTextField=ds.Tables[0].Columns[0].ToString ();
    // 绑定数据集的 0 列
            DropDownList1.DataBind();   //绑定数据到下拉列表
            //下拉列表项中填充班级名称
            FileName = Server.MapPath("~\\App_Data\\banji.xml");
            ds = XmlAccess.ReadXml(FileName);
            DDLbj .DataSource = ds.Tables[0].DefaultView;
            DDLbj.DataTextField   =   ds.Tables[0].Columns[0].
ToString();
            DDLbj.DataValueField   =   ds.Tables[0].Columns[1].
ToString();
            DDLbj.DataBind();
         }
      }
    protected void Button1_Click(object sender, EventArgs e)
                                              //提交按钮事件
      {
         if (DDLbj.Text == "")
            Response.Write("alert");
         FileName = Server.MapPath("~\\App_Data\\"+DDLbj.Selected
Value.Trim()+".xml");
         studentManage stu = new studentManage(FileName);
         stu.StuNum = Txtstunum.Text;
         stu.StuName = Txtstuname.Text;
         stu.StuSex = RadioButton1.Checked ? "男" : "女";
         stu.StuBirthday = Txtstubrh.Text;
         stu.StuPolitics = DropDownList1.Text;
         stu.StuPlace = Txtplace.Text;
         stu.StuAddress = Txtaddress.Text;
         stu.StuPhone = Txtphone.Text;
         if (stu.InsertStudent(stu))//调用插入方法
         {
            commmethod.RegisterAlertScript(this,"插入成功！","../
index. aspx","1");
         }
         else
```

```
                {
                    commmethod.MsgBox(this ,"该生已存在！","1");
                    //Response.Write("<script>alert('"+"该生已存在！"+"')
</script>");
                }
            }
        }
```

8.5.6 学生信息修改

1. 界面设计

在 App_Data 文件夹下添加新网页，文件名为 Stumodify.aspx，将显示学生信息的控件置于面板控件中，初始时不显示学生信息，只有在输入了学号，单击了查找按钮，找到相应的学生信息后，才显示该学生信息，以供修改。显示学生信息时，学号文本框设置为只读属性，不允许修改，单击了“修改”按钮后，信息将完成修改，运行界面如图 8-11 所示。

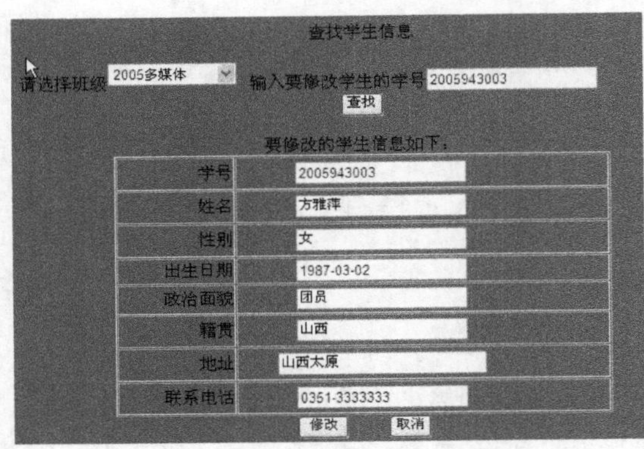

图 8-11 学生信息修改界面

学生信息修改界面用到的主要控件及属性设置如表 8-6 所示。

表 8-6 学生信息修改界面用到的主要控件及属性设置

控件类型	控件名称	主要属性设置	用途
DropDownList	DropDownList1	编辑项在 Text 属性输入班级名称，Value 属性输入相应的文件名	显示班级名称
TextBox	TextBox1	均为默认属性	用于输入要查找的学号
Panel	ID 属性为 Panel1	均为默认属性	下面的控件均在此面板中
TextBox	Txtstunum	均为默认属性	学号
TextBox	Txtstuname	均为默认属性	姓名
TextBox	Txtstusex	均为默认属性	性别
TextBox	Txtstubrh	均为默认属性	出生日期
TextBox	Txtpolitics	均为默认属性	政治面貌
TextBox	Txtplace	均为默认属性	籍贯
TextBox	Txtaddress	均为默认属性	地址

续表

控件类型	控件名称	主要属性设置	用途
TextBox	Txtphone	均为默认属性	电话
Button	Button1	Text 为修改	
Button	Button2	Text 为取消	

2. 代码实现

页面加载事件，隐藏面板。

```
public partial class stumanage_Stumodify : System.Web.UI.Page
{
    XmlDocument xmlDoc = new XmlDocument();   //声明 XML 文档对象
    studentManage stu;                        //声明学生对象
    protected void Page_Load(object sender, EventArgs e)
    {
        Panel1.Visible = false;          //初始时隐藏面板
    }
protected void Button1_Click(object sender, EventArgs e)
                                         //查找按钮事件
    {
        if (DropDownList1.Text == "")
            return;
        string filename = DropDownList1.SelectedValue.ToString();
        filename = Server.MapPath("~\\App_Data\\"+filename+".xml");
        stu = new studentManage(filename);
        string[] arr=new string [8];
        if (stu.SelectStudent(TextBox1.Text, arr))
                                         //查找学生，结果在数组中
        {
            Panel1.Visible = true;       //显示面板
            Txtstunum.Text = arr[0];     //将学生信息显示在文本框中
            Txtstunum.ReadOnly = true;   //将学号文本框设为只读属性
            Txtstuname.Text = arr[1];
            Txtstusex.Text = arr[2];
            Txtstubrh.Text = arr[3];
            Txtpolitics.Text = arr[4];
            Txtplace.Text = arr[5];
            Txtaddress.Text = arr[6];
            Txtphone.Text = arr[7];
        }
```

```
        else
            commmethod.MsgBox(this ,"该生不存在! ","1");
    }
    protected void Button2_Click(object sender, EventArgs e)//修改按钮事件
    {
        string filename = DropDownList1.SelectedValue.ToString();
        filename = Server.MapPath("~\\App_Data\\" + filename + ".xml");
        stu = new studentManage(filename);
        stu.StuNum=Txtstunum.Text;//输入信息保存在对象中
        stu.StuName=Txtstuname.Text;
        stu.StuSex=Txtstusex.Text;
        stu.StuBirthday=Txtstubrh.Text;
        stu.StuPolitics=Txtpolitics.Text;
        stu.StuPlace=Txtplace.Text;
        stu.StuAddress=Txtaddress.Text;
        stu.StuPhone=Txtphone.Text;
        if (stu.ModifyStudent(stu)) //调用修改方法
        {
            commmethod.RegisterAlertScript(this , "修改成功! ","../index. aspx","1");
            Panel1.Visible = false;//修改成功后隐藏面板，恢复为初始界面
        }
        else
            commmethod.MsgBox(this ,"修改不成功! ","1");
    }
    protected void Button3_Click(object sender, EventArgs e)//取消按钮事件
    {
        Panel1.Visible = false;
    }
}
```

边做边想

仿照学生信息修改功能实现用户信息修改。

8.5.7 学生信息删除

1. 界面设计

在 App_Data 文件夹下添加新网页，文件名为 Studelete.aspx，在该网页中选择班级，输入学号，单击“检索”按钮，找到相应的学生信息后，显示该学生信息。如果确定删除，则单击“删除”按钮，信息将被删除。运行界面如图 8-12 所示。

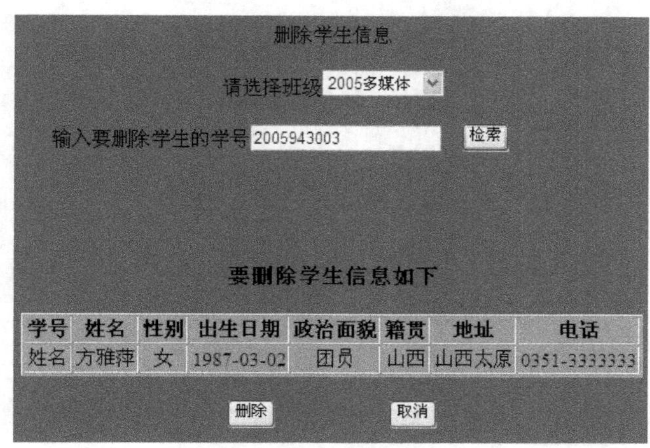

图 8-12 删除学生信息界面

删除学生信息界面用到的主要控件及属性设置如表 8-7 所示。

表 8-7 学生信息删除界面用到的主要控件及属性设置

控件类型	控件名称	主要属性设置	用途
DropDownList	DropDownList1	编辑项在 Text 属性输入班级名称，Value 属性输入相应的文件名（或者读 banji.xml 文件）	显示班级名称
TextBox	TextBox1	均为默认属性	用于输入要查找的学号
Button	Button1	Text 为检索	
Panel	ID 属性为 Panel1	均为默认属性	下面的控件均在此面板中
Xml	Xml1	均为默认属性	显示要删除的学生信息
Button	Button2	Text 为删除	
Button	Button3	Text 为取消	

2. 代码实现

选择班级，并输入学号，单击“检索”按钮查找学生。通过调用学生管理类的查找方法，找到后的结果包括元素名和元素值保存在数组中，利用 DOM 技术，动态创建 XML 文档并保存，然后利用事先编写的 XSLT 文档实现样式转换输出，方法是设置 Xml 控件的属性 DocumentSource 为要转换的 XML 文档，以及设置属性 TransformSource 为 XSLT 文件。删除按钮事件调用学生管理类的删除方法实现删除。

（1）创建 XSLT 文件，文件名为 XSLTStudent.xslt，保存在文件夹 css 下，代码如下。

```
<?xml version="1.0" encoding="utf-8"?>
<xsl:stylesheet  version="1.0"  xmlns:xsl="http://www.w3.org/
```

```
1999/ XSL/ Transform"
    xmlns:msxsl="urn:schemas-microsoft-com:xslt"
exclude-result-prefixes= "msxsl">
    <xsl:output method="xml" indent="yes"/>
       <xsl:template match="/">
           <h3 align="center">要删除学生信息如下</h3>
           <table border="1" bgcolor="#4EB7DE" align="center">
               <thead>
                   <th>学号</th>
                   <th>姓名</th>
                   <th>性别</th>
                   <th>出生日期</th>
                   <th>政治面貌</th>
                   <th>籍贯</th>
                   <th>地址</th>
                   <th>电话</th>
               </thead>
               <xsl:for-each select="学生信息/学生">
                   <tr align="center">
                       <td><xsl:value-of select="@学号"/></td>
                       <td><xsl:value-of select="姓名"/></td>
                       <td><xsl:value-of select="性别"/></td>
                       <td><xsl:value-of select="出生日期"/></td>
                       <td><xsl:value-of select="政治面貌"/></td>
                       <td><xsl:value-of select="籍贯"/></td>
                       <td><xsl:value-of select="地址"/></td>
                       <td><xsl:value-of select="电话"/></td>
                   </tr>
               </xsl:for-each>
           </table>
       </xsl:template>
    </xsl:stylesheet>
```

（2）删除学生信息代码如下。

```
    public partial class stumanage_Studelete : System.Web.UI.Page
    {
       XmlDocument xmlDoc = new XmlDocument();
       static string stuNo="";      //静态变量保存学号，供删除时使用
       protected void Page_Load(object sender, EventArgs e)
       {
```

```
            Panel1.Visible = false; //隐藏面板
    TextBox1.ReadOnly= false;       //文本框属性为可读可写
        }
    protected void Button1_Click(object sender, EventArgs e) // 检索按钮事件
        {
            if (DropDownList1.Text == "")
                return;
            string filename = DropDownList1.SelectedValue.ToString();
            filename = Server.MapPath("~\\App_Data\\" + filename +
".xml");
            studentManage stu = new studentManage(filename);
            string[,] arr = new string[2,8];
            stuNo = TextBox1.Text;
            if (stu.SelectStudent(stuNo, arr))
            {
                //找到学生则创建XML文档
                xmlDoc = new XmlDocument();
                xmlDoc.LoadXml("<?xml   version=\"1.0\"   encoding=\
"utf-8\" ?> <学生信息></学生信息>");
                XmlNode xmlNode = xmlDoc.DocumentElement;
                                        //获取根节点
                XmlElement xmlElementstu = xmlDoc.CreateElement("学生
");                                     //创建学生
                XmlAttribute stunum = xmlDoc.CreateAttribute(arr[0,0]);
                                        //创建属性
                stunum.Value = arr[0,1];    //给属性赋值
                xmlElementstu.Attributes.SetNamedItem(stunum);
                                            //属性设置到元素中
                    xmlNode.AppendChild(xmlElementstu);
                                        //追加学生元素到根节点
                for (int i = 1; i < arr.GetLength(1); i++)
                {   //创建其他子元素
                    XmlElement xmlElementname = xmlDoc.CreateElement
(arr[0,i]);
                    xmlElementname.InnerText = arr[1,i];
                    xmlElementstu.AppendChild(xmlElementname);
                }
                string FilePath = Server.MapPath("~\\App_Data");
                xmlDoc.Save(FilePath+"input.xml"); //保存所创建的XML文档
```

```
            string xslFilename = Server.MapPath("~\\css\\XSLTStudent.
xslt");
    //样式转换文件
            Xml1.DocumentSource = FilePath + "input.xml";
                                    //Xml 控件的文档来源
            Xml1.TransformSource = xslFilename;//Xml 控件的转换文件
            Panel1.Visible = true;       //显示面板
            TextBox1.ReadOnly = true;
                                    //设学号文本框为只读，避免删除前改动
        }
        else
        {
            commmethod.MsgBox(this,"该生不存在！","1");
        }
    }
    protected void Button2_Click(object sender, EventArgs e)
                                    //删除按钮事件
    {
        if (DropDownList1.Text == "")
            return;
        string filename = DropDownList1.SelectedValue.ToString();
        filename = Server.MapPath("~\\App_Data\\" + filename +
".xml");
        studentManage stu = new studentManage(filename);
        if (stu.DeleteStudent(stuNo))
                              //如果学生存在，则删除成功后，返回原始主界面
            commmethod .RegisterAlertScript (this," 删 除 成 功 !
","../index. aspx","1");
        else
            commmethod.MsgBox(this,"删除失败！","1");
    protected void Button3_Click(object sender, EventArgs e)
                                    //取消按钮事件
    {
        Panel1.Visible = false; //隐藏面板
        TextBox1.ReadOnly = false;  //文本框设为可读可写
    }
  }
```

仿照学生信息删除功能实现用户信息删除。

本系统着重于如何运用 XML 存储数据，以及如何使用 C#语言实现对 XML 文档的查询、增加、删除和修改。查询结果的返回采用了多种方式，有用 XML 节点列表对象返回方式、数据集对象返回方式及数据视图返回方式，实现查询单个节点和多个节点。数据显示根据数据特点实现，单个节点值直接赋值到文本框控件，多个节点只取部分元素值，采用从数据集中取值，将指定列绑定到下拉列表控件，所有节点所有元素显示采用数据视图直接绑定到数据显示控件 GridView，在学生信息修改中还还利用 XSLT 格式化数据输出查询结果。在程序设计中综合运用了 HTML、CSS、DTD、XSLT、DOM 等知识，也应用了 C#语言访问 XML 技术等，对读者学习和掌握 XML 技术有很大的帮助。

8.6 实验指导

【实验指导】 完成课程信息管理

1．实验目的

（1）掌握使用 DOM 技术操作 XML 文档的方法。

（2）掌握 XML 文档、HTML、DTD、CSS、XSLT、DOM 的综合应用。

2．实验内容

创建课程信息 XML 文档，要求包括课程代码、课程名称、课时数、课程类型、学分和考试类型，课程代码为课程属性，要求利用 DOM 技术实现创建 XML 文档及课程信息的增、删、查、改操作。

3．实验步骤

（1）创建课程信息文档，保存在 App_Data 文件夹下。

（2）仿照本章的学生管理类创建课程管理类，保存在 App_Code 文件夹下。

（3）创建课程管理文件夹。

（4）仿照本章的学生信息浏览功能完成课程信息浏览。

（5）仿照本章的学生信息增加功能完成课程信息增加。

（6）仿照本章的学生信息删除功能完成课程信息删除。

（7）仿照本章的学生信息修改功能完成课程信息修改。

8.7 习题

编程题

1．实现学生成绩管理。

2．实现班级信息管理。

参考答案

第 1 章

一、选择题

1．A、2．BCD、3．C、4．C、5．A

第 2 章

一、选择题

1．A、2．D、3．A、4．D、5．C、6．C、7．B、8．B、9．D、10．D、11．C、12．B、13．C、14．B、15．C

二、填空题

1．双引号
2．同名
3．嵌套
4．CDATA 节
5．开始标记
6．文档的第一行
7．<![CDATA[
if x<>y then x=(y-x)
]]>

三、编程题

```
<?xml version="1.0" encoding="GB2312"?>
<学生列表>
    <班级>
        <班级编号>08001</班级编号>
        <班级人数>32</班级人数>
        <学生>
            <学号>0800101</学号>
            <姓名>赵冲</姓名>
            <出生日期>1985-12-23</出生日期>
        </学生>
        <学生>
            <学号>0800102</学号>
            <姓名>韩军</姓名>
            <出生日期>1986-1-15</出生日期>
        </学生>
    </班级>
    <班级>
        <班级编号>08002</班级编号>
        <班级人数>28</班级人数>
        <学生>
            <学号>0800101</学号>
            <姓名>胡天娇</姓名>
            <出生日期>1985-10-5</出生日期>
        </学生>
        <学生>
            <学号>0800102</学号>
            <姓名>冷志远</姓名>
            <出生日期>1985-7-19</出生日期>
        </学生>
    </班级>
</学生列表>
```

第 3 章

一、选择题

1. B、2. C、3. A、4. C、5. A、6. A、7. A、8. B、9. B、10. C、11. D、12. A

二、填空题

1．ELEMENT，ATTLIST，ENTITY
2．#IMPLIED
3．IDREF
4．内部实体，外部实体
5．&实体名称;

三、编程题

```
<联系人>
    <姓名>李卓</姓名>
     <电话>15985854756</电话>
</联系人>
```

第 4 章

一、选择题

1．B、2．C、3．D、4．B、5．A、6．C、7．A、8．B、9．C、10．C

二、填空题

1．命名空间
2．ln
3．integer
4．minOccurs, maxOccurs
5．noNamespaceSchemaLocation

三、编程题

```
<?xml version="1.0" encoding="UTF-8"?>
<xs:schema xmlns:xs="http://www.w3.org/2001/XMLSchema" >
   <xs:element name="QQ" type="xs:string"/>
   <xs:element name="Sex" type="xs:string"/>
   <xs:element name="Age" type="xs:string"/>
   <xs:element name="UserName" type="xs:string"/>
   <xs:complexType name="usertype">
       <xs:sequence>
           <xs:element ref="UserName"/>
           <xs:element ref="Age"/>
           <xs:element ref="Sex"/>
           <xs:element ref="QQ"/>
       </xs:sequence>
   </xs:complexType>
   <xs:element name="User" type="usertype"/>
```

```
        <xs:element name="UserInfo">
            <xs:complexType>
                <xs:sequence>
                    <xs:element ref="User"/>
                </xs:sequence>
            </xs:complexType>
        </xs:element>
    </xs:schema>
```

第5章

一、选择题

1. C、2. A、3. A、4. C、5. A、6. A、7. D、8. D、9. B、10. A

二、填空题

1. text/xsl
2. for-each、apply-templates
3. xsl:for-each

三、编程题

```
<?xml version="1.0" encoding="UTF-8"?>
<xsl:stylesheet version="1.0" xmlns:xsl="http://www.w3.org/TR/
WD-xsl">
<xsl:template match="/">
<html>
    <head>
        <title>排序</title>
    </head>
    <body>
    <xsl:for-each select="销售记录/物品" order-by="-物品价格">
    <xsl:value-of select="."/><br/>
    </xsl:for-each>
    </body>
</html>
</xsl:template>
</xsl:stylesheet>
```

第6章

一、选择题

1. C、2. B、3. A、4. C、5. C、6. C、7. A、8. C、9. A、10. D

二、填空题

1．load
2．createAttribute
3．nextSibling
4．文档对象模型
5．NodeList，Document
6．Text
7．Document

第 7 章

一、选择题

1．B、2．D、3．C、4．A、5．C、6．B、7．D

二、填空题

1．id
2．datasrc
3．ID
4．previousPage，nextPage，firstPage，lastPage

参 考 文 献

[1] 张银鹤. XML 实践教程. 北京：清华大学出版社，2008.
[2] 杨灵. XML 程序设计. 大连：大连理工大学出版社，2008.
[3] 顾兵. XML 实用技术教程. 北京：清华大学出版社，2007.
[4] 马在强. XML 实用教程. 北京：清华大学出版社，2008.
[5] 眭碧霞. XML 案例教程. 西安：西安电子科技大学出版社，2008.
[6] http://www.w3school.com.cn/
[7] http://www.w3.org/TR/